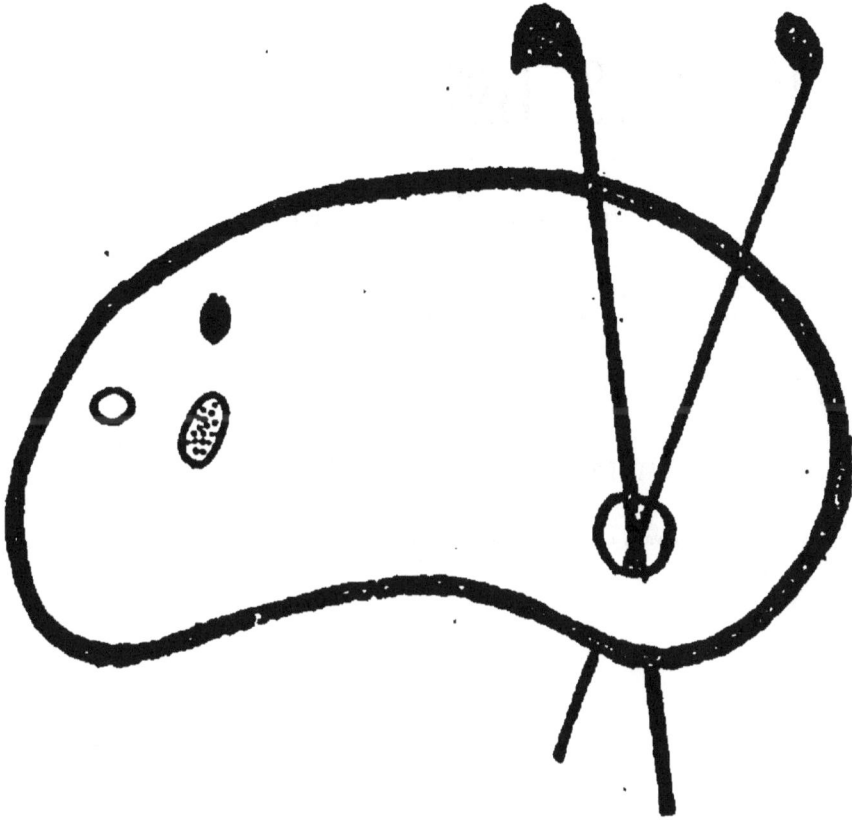

COUVERTURE SUPERIEURE ET INFERIEURE
EN COULEUR

ÉTUDE

SUR

L'OSMOSE DES LIQUIDES

AU POINT DE VUE HISTORIQUE, PHYSIQUE

ET DE SES PRINCIPALES APPLICATIONS

PAR LE Dr EMMANUEL DOUMERC

Chef des travaux chimiques à la Faculté des Sciences de Bordeaux.

BORDEAUX

IMPRIMERIE G. GOUNOUILHOU

II — RUE GUIRAUDE — II

1881

ÉTUDE

SUR

L'OSMOSE DES LIQUIDES

AU POINT DE VUE HISTORIQUE, PHYSIQUE

ET DE SES PRINCIPALES APPLICATIONS

PAR LE Dᵣ EMMANUEL DOUMERC

Chef des travaux chimiques à la Faculté des Sciences de Bordeaux.

———·ᴧᴧᴧ·———

BORDEAUX

IMPRIMERIE G. GOUNOUILHOU

11 — RUE GUIRAUDE — 11

—

1881

INTRODUCTION

Si nous séparons deux liquides de nature différente
et miscibles l'un à l'autre, par une membrane animale
perméable, nous verrons le volume de l'un d'eux diminuer,
celui de l'autre augmenter d'une quantité précisément
égale : c'est là ce qu'on entend par *phénomène d'osmose.*
Découvert à l'aide de membranes organisées, on comprit
que le rôle de ce phénomène devait être fort important
dans les fonctions de notre organisme; aussi a-t-il donné
lieu à une suite non interrompue de travaux tous de la
plus haute valeur. Des savants du plus grand mérite se
sont occupés de cette question; mais, malgré leurs travaux,
elle est loin d'avoir été résolue.

C'est que l'osmose est un phénomène des plus complexes;
elle dépend de plusieurs conditions qui peuvent la faire
varier dans d'assez larges limites, de la miscibilité des
liquides, de leur différence de nature, de la perméabilité de
la membrane à différents liquides. La température, l'électricité ont une action manifeste sur ce phénomène, action
nettement établie par Dutrochet.

Pour montrer cette complexité, il me suffira de dire,
ce que l'on verra du reste amplement dans l'historique,
que la cause du phénomène a été attribuée tantôt à la
différence de densité de deux liquides, tantôt à la capilla-

rité, tantôt à l'électricité, tantôt à la perméabilité de la membrane. Certains savants ont attribué l'osmose à la différence des chaleurs spécifiques, à la diffusibilité, à la décomposition chimique de la membrane.

Les principales lois qui régissent le phénomène sont assez bien établies; mais il y a encore dans cette question beaucoup de faits inconnus, beaucoup de points obscurs. C'est là ce qui m'a engagé à traiter cette question, certain que sur un si vaste champ je trouverais encore à glaner. Ce n'est pas que, dans le travail que je présente aujourd'hui, j'aie la prétention d'avoir élucidé complètement la question; le sujet était trop vaste pour pouvoir être traité en une seule année. J'ai voulu principalement mettre un peu d'ordre dans les faits connus jusqu'ici, les relier les uns aux autres par ceux que je pourrais découvrir, présenter la question sous un jour nouveau. Les expériences que j'ai faites m'ont démontré toute la difficulté du problème; mais elles m'ont fait voir aussi pourquoi jusqu'ici les physiciens qui s'étaient occupés de la question avaient fait fausse route.

Dans le cours de ces recherches, il m'est arrivé de faire des observations qui pourront être d'un grand intérêt pour la physiologie cellulaire; c'est ainsi que la membrane cellulaire, d'après quelques expériences, peut être considérée comme la partie réellement active de la cellule dans le phénomène de nutrition, et peut être regardée comme le siège principal des oxydations organiques : je réserverai un chapitre spécial à l'exposé de ces résultats.

Mon travail se divise en trois parties.

Dans la première, je traiterai uniquement l'historique de la question. Je lui ai donné un assez long développement, et, cela, pour plusieurs motifs. Il m'a semblé qu'un historique fait consciencieusement a l'avantage de faire mieux comprendre la question, en montrant les différentes étapes par lesquelles son étude a passé. Une autre raison, qui, à mon sens, n'est pas moins importante, c'est que, faute d'un historique complet, on attribuait à certains auteurs des idées qui ne leur appartenaient nullement, alors qu'on en dépouillait de patients et souvent habiles observateurs; j'ai cru devoir réparer cette injustice, et je l'ai fait avec la plus grande impartialité.

Aussi, ne me suis-je pas contenté des comptes-rendus et des extraits publiés par les revues périodiques; autant que cela m'a été possible, j'ai voulu remonter aux originaux, que j'ai lus dans la langue dans laquelle ils ont été écrits : je craignais que les traductions n'aient pas reproduit exactement la pensée de l'auteur. Je dois dire toutefois que je n'ai pas toujours été assez heureux pour les retrouver. Ainsi, il m'a été impossible de retrouver le mémoire de Liebig, qui m'eût été de la plus grande utilité, la traduction que j'en avais étant très obscure et évidemment faite par une personne étrangère aux phénomènes de l'osmose.

L'étude de l'osmose a passé par trois périodes bien nettement tranchées. Tout d'abord, elle a été absolument expérimentale; puis, elle est devenue mathématique, sans le rester longtemps; de nouveau, elle est devenue expérimentale avec Matteucci, Cima, Graham, Béclard, Liebig. Elle n'a pas cessé de l'être jusqu'à nos jours.

La première partie sera divisée en quatre chapitres.

Dans le premier, j'énumèrerai les travaux de Dutrochet et de ses précurseurs.

Dans le deuxième, j'exposerai les théories de Poisson, de Magnus et celle de Becquerel.

Dans le troisième, je parlerai, en m'en tenant aux grandes lignes, de ce qui a été fait depuis 1841, par Matteucci, Cima, Béclard, Wiedeman, Graham, Dubrunfaut, Traube, etc., etc.

Enfin, je consacrerai un chapitre spécial à l'historique

des phénomènes de diffusion, qui ont une relation intime avec ceux de l'osmose.

La deuxième partie comprendra l'exposition des phénomènes de l'osmose.

Les phénomènes de l'osmose, j'adopte en cela l'opinion de Liebig, ne sont que des phénomènes de diffusion; l'augmentation de volume de l'un des liquides et la diminution de l'autre est un fait accessoire et un cas particulier. C'est ce que j'espère démontrer dans le cours de l'exposition.

Cette seconde partie sera divisée en quatre chapitres :

1° Diffusion ou osmose sans membrane ;

2° Imbibition des membranes ;

3° Osmose avec membrane mouillée par un seul liquide ;

4° Osmose avec membrane mouillée par les deux liquides ;

La troisième partie sera réservée aux applications de l'osmose.

Dans un premier chapitre, je dirai brièvement les applications de l'osmose tant physiologiques qu'industrielles.

Dans un second chapitre, j'exposerai plus en détail les déductions des faits que j'ai été à même d'observer.

Cette étude, pour être complète, aurait dû embrasser aussi l'osmose gazeuse; mais le sujet eût été trop vaste, il l'est bien assez déjà. Aussi, ai-je laissé complètement de côté cette étude.

Avant d'entrer en matière, qu'il me soit permis de remercier ici mes maîtres, M. Gayon et M. Merget, qui m'ont inspiré le choix de ce sujet et qui, durant tout le cours de mes recherches, n'ont cessé de m'aider de leurs conseils si savants et si autorisés. Souvent, je l'avoue, j'ai été découragé, j'ai été tenté d'abandonner un sujet qui me paraissait trop ardu et au-dessus de mes forces; ils ont toujours su avec beaucoup de délicatesse et de bonté

relever mon courage et me donner de précieuses indications pour continuer mon travail. Qu'ils reçoivent ici
l'expression de la plus sincère reconnaissance de leur
élève dévoué.

Je remercie également mes excellents amis Simonnet,
Faure et Charazac de la manière obligeante avec laquelle
ils se sont mis à ma disposition pour la compulsion des
auteurs et la traduction de nombreux ouvrages allemands
que j'ai dû consulter; ils m'ont ainsi facilité un travail que
je n'aurais pu entreprendre seul. Je remercie aussi mon
ami M. Rivière de la gracieuseté avec laquelle il a mis à
ma disposition son habileté comme dessinateur.

ÉTUDE

sur

L'OSMOSE DES LIQUIDES

{—◦≡◦—}

PREMIÈRE PARTIE

—

CHAPITRE PREMIER

—

L'ABBÉ NOLLET. — PARROT. — PORRET. — SŒMMERING. — FISCHER. DUTROCHET.

Nollet. — C'est en 1748 qu'un habile et savant expérimentateur, l'abbé Nollet, dans le cours d'une série d'expériences entreprises pour rechercher les causes de l'ébullition, fut amené à remplir une fiole d'alcool, à la boucher avec une vessie et à la plonger dans l'eau. Quel ne fut pas son étonnement de voir, sept à huit heures après, la vessie bombée faire saillie à l'extérieur! Il fit l'expérience inverse, et la membrane fit saillie à l'intérieur. Il attribua ce phénomène à la moins grande perméabilité de la membrane pour l'alcool que pour l'eau. Il ne poursuivit pas cette expérience, et la considéra comme un fait curieux mais sans intérêt; aussi, se contenta-t-il de l'explication qu'il en donnait.

Parrot. — Cinquante ans après, un physicien, Parrot, reprit la question; il fit un grand nombre d'expériences, mais il s'attacha principalement à en montrer l'application à la physiologie. Une seule parmi toutes est intéressante;

c'est celle qu'il fit avec un œuf extrait de l'oviducte d'une poule et non encore recouvert de sa coquille. Plongé dans l'eau, cet œuf augmenta considérablement de volume; son albumine se diluait en même temps que le jaune lui-même devenait plus fluide. Mais l'eau extérieure subissait aussi des modifications : de claire qu'elle était, elle devenait trouble et répandait une odeur désagréable. Cette expérience donna à Parrot l'idée d'un double courant osmotique. Mais, je dois le dire, il ne publia cette expérience qu'en 1840(1), longtemps après les beaux travaux de Dutrochet. Du reste, malgré ses nombreuses expériences, il n'a donné aucune explication des phénomènes qu'il observait, et n'est arrivé à aucune loi. Aussi, ses travaux sont-ils tombés dans l'oubli.

PORRET. — Quelques années plus tard, un physicien obscur, Porret junior, fit une expérience très curieuse et justement célèbre. La voici dans tous ses détails. — Ce physicien construisit une auge divisée en deux compartiments par un fragment de vessie. Il remplit l'un de ces compartiments avec de l'eau, et en mit une légère couche dans l'autre. Il laissa l'appareil ainsi disposé pendant plusieurs heures; les niveaux de l'eau ne varièrent pas. Alors, il mit en communication avec le pôle positif d'une pile le compartiment rempli d'eau, et l'autre avec le pôle négatif. Le liquide passa alors avec rapidité du premier dans le second, de telle sorte qu'en moins de demi-heure le niveau était le même dans les deux compartiments. Il continua l'expérience et vit le niveau s'élever au pôle négatif, baisser au contraire au pôle positif. Porret ne poursuivit pas cette expérience, l'abandonnant à des savants plus autorisés que lui.

(1) *Bulletin scientifique de Saint-Pétersbourg*, 1840.

Je citerai encore deux autres savants qui ont précédé Dutrochet, c'est Sœmmering fils qui, en 1812, constata qu'un mélange d'eau et d'alcool mis dans une vessie se concentrait, en perdant de l'eau. Il expliqua le phénomène en disant que la membrane laisse passer l'eau plus facilement que l'alcool. C'est ensuite Fischer de Breslau (¹): « J'avais » placé un jour, dit-il, dans une dissolution de cuivre un » tube de verre rempli d'eau distillée et fermé par en bas » avec une vessie, de telle manière que la surface de la » dissolution était d'un pouce plus élevée que l'eau dans » le tube : et, afin de pouvoir remarquer promptement » l'introduction du sel de cuivre de l'extérieur à travers » la vessie, j'avais plongé un fil de fer dans l'eau. Je » fus étonné de voir que le liquide s'était élevé dans le » tube et à une hauteur telle que le niveau n'était pas » seulement devenu le même que celui du liquide » extérieur ; mais qu'au bout de quelques semaines il » s'était élevé jusqu'à l'ouverture supérieure du tube, » c'est-à-dire plus de quatre pouces au-dessus du niveau » de la dissolution. Par suite, le cuivre avait été réduit par » le fer. »

Mais Fischer et Sœmmering, pas plus que Nollet, Parrot et Porret n'ont étudié sérieusement ce phénomène. Ils se sont contentés de l'enregistrer comme un fait curieux et anormal. Aussi, aucun d'eux ne peut-il être considéré comme l'inventeur de l'osmose. C'est à Dutrochet que cet honneur revient.

DUTROCHET. — 1° *Découverte de l'endosmose.* — C'est vers 1809 que Dutrochet, étudiant une moisissure développée sur la queue d'un poisson, découvrit le phénomène de l'osmose. Il avait placé dans un bocal un poisson dont la

---

(¹) *Annales de Chimie* de Gilbert, tome LXXII.

queue avait été coupée. Au bout de quelque temps, il vit une moisissure sous forme de filament se développer sur la plaie. Cette moisissure était constituée par des filaments terminés par des organes glanduleux, des capsules, dont le contenu était trouble et paraissait être des granulations. C'est alors que, quelques capsules ayant été détachées et nageant librement dans l'eau de la préparation microscopique, il vit un phénomène très curieux et qui le surprit beaucoup. Au pôle de la capsule opposé à l'ouverture, il vit disparaître la substance trouble, tandis qu'elle s'échappait par l'orifice. Peu à peu, l'espace clair augmenta, et finit par envahir toute la capsule en expulsant la matière granuleuse. La matière qui s'échappait ainsi était formée de petits grains animés de très rapides mouvements. Ces mouvements paraissaient dus à la force qui les chassait ainsi de l'intérieur; ils n'étaient pas, en effet, spontanés, car ils ne tardaient pas à cesser, et les petits globules tombaient immobiles sur la lame de verre.

Dutrochet attribua ce phénomène à l'accumulation d'eau au fond de la capsule, eau qui pénétrait très certainement au travers de la membrane. Mais, comment se produit cette accumulation? Comment l'eau peut-elle pénétrer? Comment peut-elle acquérir une tension suffisante pour repousser le contenu de la capsule? Telles furent les questions que se posa Dutrochet; il n'y répondit pas. Il enregistra ce fait, le classa parmi ceux dont l'explication lui échappait, et, bien certainement, il ne se serait pas occupé davantage de ce phénomène, si un heureux hasard n'était pas venu lui fournir un autre phénomène analogue au précédent.

Un jour ayant mis un sac épidermoïque de limace dans un verre de montre avec de l'eau, il vit au bout de quelques heures tout le contenu chassé au dehors par le seul orifice dont fût perforé ce sac. Ce phénomène était absolument

analogue au phénomène observé avec la capsule de la moisissure. Le contenu était épais, visqueux et semblait chassé
par une force agissant dans le fond du sac. En effet, on
voyait très nettement, à ce niveau, le contenu opaque
remplacé par un liquide clair et limpide, qui avait tous les
caractères de l'eau ; peu à peu le volume de ce liquide clair
augmentait et en même temps la matière visqueuse du sac
s'échappait au dehors. Il existait donc là une véritable force,
vis a tergo, qui poussait le liquide spermatique et le chassait
de l'intérieur du sac.

Dutrochet analysa ce phénomène avec beaucoup de pers-
picacité, il l'étudia dans ses moindres détails, et en réflé-
chissant aux conditions dans lesquelles il se passait, il crut
trouver dans la différence de densité du liquide intérieur et
de l'eau, la cause de l'introduction de ce dernier liquide
dans le sac et de l'expulsion du contenu. Il voulut alors
réaliser expérimentalement les conditions dans lesquelles se
trouve la liqueur spermatique : il prit des membranes
animales, des cœcums de jeune poulet, les emplit de lait, et
lia vigoureusement leur extrémité ouverte. Plongés dans de
l'eau de puits, ces cœcums augmentèrent considérablement
de volume. Il remplaça le lait par de l'eau gommée et par
de l'eau sucrée : les résultats furent en tout semblables,
toujours il y eut *turgescence* des cœcums. L'idée vint à
Dutrochet d'adapter un tube de verre à un cœcum ainsi
rempli de lait et il vit manifestement, comme il s'y attendait
du reste, le liquide s'élever dans le tube et atteindre une
hauteur considérable. C'est alors que plein d'enthousiasme
pour sa découverte, et voyant d'avance tout le parti qu'en
tirerait la physiologie, il crut avoir découvert la cause du
mouvement vital, et qu'il fit une brochure mémorable :
*L'agent immédiat du mouvement vital dévoilé dans sa nature et
dans son mode d'action chez les végétaux et chez les animaux.*
Plus tard, il est vrai, il rabattit beaucoup de ses premières

prétentions; mais, quoi qu'il en soit, il faut bien convenir qu'un phénomène de la plus haute importance physiologique venait d'être découvert. Dutrochet donna le nom d'*endosmose* au courant qui s'établit entre le liquide extérieur et le liquide intérieur au travers des membranes animales. Il modifia son appareil primitif : il prit un vase *(fig. 1)* évasé et ouvert à ses deux extrémités; il ferma la plus large ouverture avec une membrane et il adapta à l'autre un tube étroit. Il donna le nom d'endosmomètre à l'appareil ainsi construit.

Fig. 1.

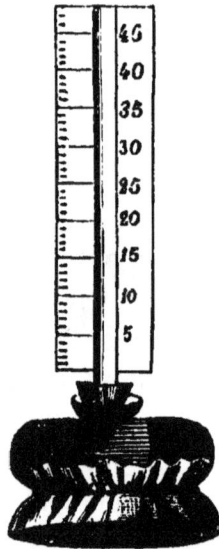

Mais outre le courant principal qui fait pénétrer l'eau dans le cœcum, il en existe un autre qui va de l'intérieur vers l'extérieur, courant moins rapide que le précédent et auquel Dutrochet donna le nom d'*exosmose*. Ainsi plaçons une solution de gomme colorée en bleu dans l'endosmomètre et plongeons le tout dans l'eau : nous verrons le liquide s'élever peu à peu dans le tube, mais nous constaterons en même temps que le liquide extérieur se colore en bleu. C'est que, outre le courant qui transporte l'eau vers la gomme, il en existe un autre moins intense qui transporte la gomme vers l'eau. L'ascension du liquide dans le tube est due à la prédominance de l'un de ces courants sur l'autre, de l'endosmose sur l'exosmose. Mais si, par une disposition particulière, ces deux courants étaient égaux, l'ascension du liquide dans le tube ne se ferait pas; le phénomène n'en aurait pas moins lieu. Si, enfin, le courant d'exosmose était plus fort que le courant d'endosmose, il sortirait de l'endosmomètre plus de liquide qu'il n'y en entrerait, et le niveau baisserait dans le tube. Dans ce cas, il y aurait *endosmose déplétive;* dans le premier cas, au contraire, il y avait *endosmose implétive.* Il ne faut pas confondre l'endosmose déplétive avec l'exosmose; l'endosmose déplétive n'est qu'un cas particulier, elle résulte de la prédominance de l'exosmose sur l'endosmose; l'exosmose, au contraire, existe toujours.

2° *Miscibilité.* — Une fois en possession de son appareil, Dutrochet varia beaucoup ses expériences; il étendit ses essais à un grand nombre de liquides, et arriva à la loi de la miscibilité : *deux liquides ne s'endosmosent pas l'un vers l'autre s'ils ne sont pas miscibles.* Séparons par exemple de l'huile et de l'eau par une membrane, jamais nous ne constaterons la moindre osmose, les niveaux ne varieront pas, car ces deux substances ne sont pas miscibles.

3° *Action des membranes.* — Jusqu'ici, Dutrochet n'avait expérimenté que des membranes animales; il voulut voir si des membranes végétales jouissaient de la même propriété. Il eut recours à la gousse de baguenaudier et à la pellicule d'*Allium porrum.* Le résultat qu'il obtint fut en tout semblable aux résultats obtenus avec les membranes animales.

Le taffetas gommé avec de l'eau et une dissolution de gomme
ne lui donna aucun résultat, mais avec l'eau et l'alcool il y
eut un courant dirigé de l'alcool vers l'eau. Il eut alors l'idée
d'essayer des plaques minérales. Il monta des endosmomètres avec des lames de grès, de carbonate de chaux, de
porcelaine dégourdie. Dans l'intérieur il mettait de l'eau
gommée et les plongeait dans de l'eau de pluie. Avec une
lame mince de grès tendre très siliceux, il n'obtint aucune
endosmose. Avec une lame mince de grès dur ferrugineux,
il obtint une légère élévation du liquide dans l'endosmomètre. La porcelaine dégourdie, qui est une substance très
siliceuse, agit absolument comme le grès siliceux.

Mais la terre de pipe qui est une substance alumineuse
donna une élévation très manifeste du liquide. Le marbre
ne donna lieu qu'à une endosmose très faible, et encore
fallait-il que la plaque fût très mince.

De toutes ces expériences, Dutrochet conclut que la
membrane a une grande influence sur le phénomène
endosmotique. Après la loi de la miscibilité, il énonça la loi
de la *perméabilité*, c'est-à-dire que, *pour qu'il y ait endosmose,
il faut que la membrane soit perméable aux liquides*. Il admit
même que la substance de la membrane devait avoir une
certaine affinité pour les liquides mis en expérience, les
matières minérales alumineuses favorisant l'endosmose, les
siliceuses l'arrêtant au contraire.

4° *Vitesse et force de l'endosmose.* — Pour connaître complètement le courant endosmotique, il fallait en déterminer
la *vitesse* et la *force*.

La *vitesse* de l'endosmose est la quantité dont le liquide
s'élève dans le tube de l'endosmomètre dans un temps
donné.

Force de l'endosmose. — Si l'on adapte à un tube endosmo-
métrique un manomètre à air libre, le mercure montera

dans la branche libre sous l'influence de la pression de
l'eau introduite dans l'endosmomètre. Il arrive un moment
où le poids de la colonne mercurielle fait équilibre à la
pression du liquide, à la force qui fait pénétrer le liquide
dans l'endosmomètre; c'est cette colonne mercurielle qui
mesure *la force de l'endosmose*.

Dutrochet est arrivé à une loi remarquable relativement
à la vitesse et à la force de l'endosmose : *la vitesse et la force
de l'endosmose sont proportionnelles à la différence de densité des
deux liquides.*

5° *Température.* — Il est une cause de perturbation dans
les phénomènes endosmotiques que Dutrochet a bien nettement indiquée et qu'il a étudiée d'une manière particulière,
c'est l'action de la température.

Dans toutes les expériences qu'il a faites, il a toujours
constaté que *l'élévation de la température favorisait l'entrée de
l'eau dans l'endosmomètre*. C'est là un fait absolument
général. Il n'est pas nécessaire pour le constater que
l'élévation de la température soit considérable, pour une
augmentation de 15 à 20 degrés, l'endosmose est accrue
dans de très fortes proportions. Ainsi dans une expérience
faite avec des cœcums de poulet et de l'eau gommeuse,
pour une variation de température de 21 degrés, le rapport
de l'eau introduite dans le cœcum fut de 1 à 1,77.

6° *Des acides.* — Dès le début de ses expériences, Dutrochet
avait remarqué que les acides agissaient d'une manière
anormale. Si l'on met une solution acide dans le réservoir
de l'endosmomètre, loin de constater une élévation du
liquide dans le tube, on le voit au contraire baisser avec
rapidité. Dutrochet crut d'abord que la solution filtrait par
son propre poids, aussi fit-il l'expérience inverse : il mit
l'eau dans l'endosmomètre et plongea l'appareil dans la

solution acide, il vit alors le liquide s'élever dans le tube; il n'y avait donc plus de doute possible, le courant est dirigé de l'acide vers l'eau.

Ce fait ne pouvait pas être expliqué par la perméabilité de la membrane plus grande pour l'acide que pour l'eau, car pour faire filtrer la solution acide, il fallait une force beaucoup plus grande que pour faire filtrer l'eau.

Le premier acide sur lequel Dutrochet expérimenta fut l'acide oxalique, puis il étendit ses recherches aux acides tartrique, sulfurique, chlorhydrique, azotique et sulfhydrique. C'est alors qu'il fit cette remarque très curieuse que le courant n'est pas constamment dirigé de l'acide vers l'eau, sa direction variant avec la densité de la solution acide. Ainsi, tant que la solution d'acide tartrique a une densité inférieure à 1,050, pour la température de 25°, le courant va de l'acide vers l'eau; mais si sa densité est supérieure à ce chiffre, le courant est dirigé en sens inverse, il va de l'eau vers l'acide. Lorsque la densité est exactement 1,050, l'endosmose paraît ne plus exister.

C'est là un fait général : il existe pour tous les acides une densité moyenne pour laquelle le liquide ne s'élève plus dans le tube. Il ne faudrait pas croire pour cela que les deux courants d'endosmose et d'exosmose aient complètement cessé; ils existent, mais le volume d'eau endosmosée est précisément égal au volume de la solution acide exosmosée; c'est pour cela que le niveau dans le tube ne varie pas. C'est cette *densité moyenne* que Dutrochet a désignée sous le nom de *terme moyen.*

Quelques acides cependant, comme l'acide oxalique, l'acide sulfureux et l'acide sulfhydrique, ayant un terme moyen très élevé, paraissent ne présenter que le courant vers l'eau. C'est ce fait qui a permis à Dutrochet d'expliquer pourquoi lorsque les membranes animales avaient servi déjà depuis un certain temps, elles ne pouvaient plus fonctionner; car elles subissent toujours une putréfaction qui dégage de faibles quantités d'hydrogène sulfuré. Ce gaz ayant une endosmose déplétive, neutralise, pour ainsi dire, l'endosmose implétive de la substance contenue dans l'endosmomètre.

Toutes ces expériences ont été faites avec des membranes animales. Ce phénomène ne se présente plus lorsqu'on leur substitue des membranes végétales, soit la gousse de *baguenaudier*, soit une membrane d'*Allium porrum*; alors tous les acides étudiés précédemment, quelle que soit leur densité, offrent une endosmose très manifeste de l'eau vers l'acide.

La température exerce une action sensible sur ce phénomène; elle agit du reste suivant la loi établie plus haut. Elle fait varier, souvent de beaucoup, le terme moyen. Ainsi le terme moyen de l'acide tartrique étant 1,050 à 25° devint 1,100 à 15°. En effet, l'élévation de la température favorisant l'endosmose implétive, la pénétration de l'eau dans l'endosmomètre en un mot, le courant à 25° sera dirigé de l'eau vers l'acide pour une densité de ce dernier, qui à la température de 15° eût produit un courant inverse, c'est-à-dire dirigé de l'acide vers l'eau. Donc l'élévation de la température déplace le terme moyen dans le sens de la diminution de la densité de la solution.

Avec l'acide azotique Dutrochet observa un fait assez curieux : ayant mis des fragments de feuille d'or dans l'endosmomètre où se trouvait l'acide azotique, il vit qu'ils étaient soulevés brusquement de dessus la membrane et étaient repoussés jusqu'à une certaine distance; puis ils retombaient lentement. Après un certain temps de contact avec la membrane, ils étaient repoussés de nouveau. « Les » mouvements rapides d'ascension, dit-il, étaient dus, on » ne peut en douter, à l'impulsion de l'eau qui pénétrait » par une irruption subite dans l'acide nitrique, en traver-

» sant par endosmose les canaux capillaires de la membrane,
» canaux sur lesquels étaient appuyés les petits fragments
» de feuille d'or, et qui avaient subitement livré passage
» au courant d'endosmose, qui ne les parcourait point
» pendant l'instant d'auparavant. . . . .
» Au reste, je me suis fait les questions suivantes sans
» pouvoir les résoudre : pourquoi les petits fragments de
» feuilles d'or ne rencontrent-ils jamais, dans leur chute
» vers la membrane, un des courants rapides ascendants,
» qui font monter les fragments de feuille d'or voisins et
» ne sont-ils point entraînés de nouveau vers le haut avant
» d'être retombés sur la surface de la membrane? Pourquoi
» ne tombent-ils pas accidentellement sur une place de
» cette membrane où le courant rapide ascendant serait
» actuellement en exercice? Pourquoi n'est-ce jamais qu'après
» une pause instantanée sur la surface de la membrane,
» qu'ils sont lancés vivement vers le haut? Ce phénomène
» singulier présente, comme on le voit, beaucoup d'obscurité
» et demande une nouvelle étude. »

7° *Théorie.* — Tels sont les faits découverts par Dutrochet, reste à faire connaître la théorie que ce savant en a donnée.

Tout à fait au début, comme je l'ai indiqué, Dutrochet crut que la véritable cause du phénomène était la différence de densité. Il croyait que toujours le liquide le moins dense s'endosmosait vers le liquide le plus dense; mais lorsqu'il eut découvert les anomalies que les acides présentent dans le fait de leur endosmose; lorsqu'il eut de plus constaté que si l'on sépare de l'eau et de l'alcool par une membrane animale, c'est l'eau qui osmose vers l'alcool; que c'est le liquide le plus dense qui s'endosmose vers le liquide le moins dense, il abandonna complètement cette théorie.

Essayant de faire filtrer différents liquides au travers des membranes, Dutrochet remarqua qu'ils ne passent pas tous avec la même facilité. Il faut exercer des pressions différentes pour que la filtration ait lieu. Il attribue ce fait à la viscosité des liquides et dit que les liquides les moins visqueux passant plus facilement au travers des membranes, ce sont eux qui s'endosmosent vers les plus visqueux. Ainsi, dit-il, l'eau s'endosmose vers l'alcool, car l'alcool est beaucoup plus visqueux que l'eau. — Mais il ne conserva pas longtemps non plus cette théorie. Lorsqu'il eut découvert l'anomalie des acides, lorsqu'il vit qu'une solution d'acide oxalique plus visqueuse que l'eau s'endosmosait vers ce liquide, il la rejeta complètement et édifia alors la théorie de la capillarité. « L'inégalité de l'ascension » capillaire des deux liquides que sépare une cloison à » pores assez petits, pour s'opposer à la facile perméation » de ces deux liquides, en vertu de leur seule pesan- » teur, est une des conditions générales de l'existence » de l'endosmose. Cette dernière dirige son courant, dans » le plus grand nombre de cas, du liquide le plus ascen- » dant dans les tubes capillaires vers le liquide le moins » ascendant. »

De toutes les substances, dit Dutrochet, c'est l'eau qui s'élève le plus dans les tubes capillaires... Les solutions salines, et, en général, les liquides dont la densité est supérieure à celle de l'eau s'élèvent beaucoup moins. Il est aussi une autre classe de substances dont la densité est moins grande, mais qui s'élèvent moins cependant : ce sont les *combustibles*, comme l'alcool, l'éther. La *combustibilité* agit dans ce cas comme la *densité*.

Du reste, c'est à l'aide de cette théorie qu'il peut expliquer la différence d'action des membranes de nature diverse. — L'eau ne s'élève pas de la même quantité dans les tubes de nature diverse. Pour la membrane de caoutchouc, l'alcool s'élève plus facilement que l'eau dans les tubes capillaires qu'elle présente, et c'est pour cela que le courant sera dirigé de l'alcool vers l'eau. Outre ces causes, Dutrochet en admet une autre sans bien en préciser le mode d'action : je veux parler de l'électricité. Il croit qu'une grande partie des phénomènes endosmotiques est due à l'action de l'électricité; il s'appuie pour cela sur l'expérience si célèbre de Porret et sur les siennes propres : en faisant passer un courant électrique dans un endosmomètre monté de telle sorte que le pôle positif communique avec l'un des liquides et le pôle négatif avec l'autre. Il vit toujours l'endosmose se faire dans le sens du courant.

Du reste, dit Dutrochet, c'est là un phénomène très complexe; il est probable que plusieurs causes interviennent pour le produire.

CHAPITRE II

—

POISSON. — BECQUEREL. — MAGNUS.

Après les belles expériences de Dutrochet, les physiciens
crurent le sujet épuisé : de grands mathématiciens, comme
Poisson et Magnus, pensèrent le moment venu de soumettre
ces phénomènes à l'analyse mathématique. C'était trop se
presser : il régnait encore sur ce sujet trop d'obscurité, trop
de faits étaient encore mal connus; et, il faut bien le dire,
malgré l'habileté de Dutrochet, beaucoup des faits découverts étaient encore mal reliés les uns aux autres. Quoi qu'il
en soit, l'étude des phénomènes osmotiques entra dans une
autre voie, voie toute nouvelle où elle n'avait du reste qu'à
gagner; elle y entra sous les auspices de membres de
l'Institut, de savants estimés, Poisson, Magendie, Magnus et
Becquerel. Les théories émises par ces savants ont toutes
comme point de départ l'existence de tubes capillaires dans
l'intérieur de la membrane; elles ne diffèrent que par
l'explication de la marche du phénomène.

Poisson (1826) ([1]). — Supposons, dit Poisson, deux liquides
A et B (fig. 2, p. 26) de densité différente séparés par une
cloison C. Soit ab un des tubes capillaires dont elle est
creusée; ab est rempli par de l'air, et supposons de plus,
que les hauteurs des deux liquides étant inversement proportionnelles à leur densité, les pressions qui s'exercent

([1]) *Annales de Chimie et de Physique*, 2° série, t. XXXV.

en A et en B soient égales, de telle sorte qu'au point de vue
de la filtration mécanique, les deux liquides soient dans les
mêmes conditions; la petite colonne d'air *ab* restera stationnaire, étant poussée de part et d'autre par des forces
égales. La cloison C a une action sur les deux liquides, il
faut l'admettre; mais si l'action de la cloison sur les deux
liquides est égale, la colonne d'air *ab* sera soumise à de
nouvelles pressions égales s'exerçant en sens contraire et
par conséquent ne bougera pas. Mais si, ce qui est le cas le
plus fréquent, l'action n'est pas la même; si, par exemple,
l'action de la cloison est plus forte sur A que sur B, la
colonne d'air *ab* sera poussée suivant *ab*, le liquide A
pénètrera dans l'espace capillaire, et le remplira complète-
tement.

Fig. 2.

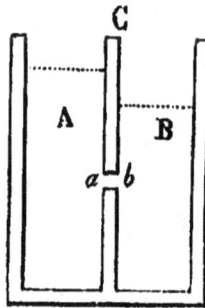

Alors, si une nouvelle force n'intervenait pas, les phénomènes en resteraient là. Mais le liquide A se trouve en *b*
en contact avec le liquide B, et l'on peut admettre, on le
doit même, que dans le cas de liquides miscibles, l'attraction de deux molécules hétérogènes est plus forte que
l'attraction des molécules homogènes; l'action de B sur A
sera plus forte que l'action des molécules A les unes sur
les autres; les molécules du liquide A, se trouvant en
contact avec le liquide B, seront attirées par ce dernier,
elles se mélangeront avec lui et nous aurons ainsi un

véritable courant qui ira de A vers B. C'est ainsi que l'on peut expliquer le phénomène de l'endosmose.

Comme on le voit, l'explication est des plus simples, et ramène le phénomène aux principes de la mécanique : elle eut la gloire de rallier, en partie du moins, le célèbre physiologiste Magendie. Malheureusement le phénomène n'est pas aussi simple que la théorie, nous le verrons plus tard; déjà les contemporains le reconnurent, aussi songèrent-ils à la modifier.

BECQUEREL (1827). — Becquerel, à proprement parler, n'a pas de théorie à lui; il a voulu compléter celle de Poisson, et montrer le rôle de l'électricité dans le fait de l'endosmose.

« L'affinité des liquides hétérogènes pour la cloison sépa- » ratrice doit donc être prise en considération dans l'expli- » cation du phénomène. . . . .

» Il résulte des faits que nous venons d'exposer succinc- » tement que les phénomènes d'endosmose et d'exosmose » dépendent : 1° de l'action réciproque des deux liquides » hétérogènes l'un sur l'autre, laquelle modifie et intervertit » même tout à fait la force de pénétration propre à chacun » des liquides; 2° de l'action particulière de la membrane » sur les deux liquides qui la pénètrent, action qui, dans la » membrane animale, donne le courant fort à l'acide pourvu » d'une densité déterminée, tandis que, avec la membrane » végétale, l'effet est inverse; 3° de l'action capillaire pro- » duite dans les interstices de la membrane. Une autre » cause peut encore intervenir comme nous allons le voir. »

Cette autre cause est l'électricité : sans doute, elle n'a pas une influence prépondérante; il n'en est pas moins vrai cependant qu'on peut lui attribuer une partie de ce phénomène.

« Une solution saline concentrée dans sa réaction sur » l'eau prend l'électricité positive, et donne à l'eau l'élec-

» tricité contraire; les faits ayant lieu entre les pores de la
» membrane ou de la cloison séparatrice, la recomposition
» des deux électricités s'effectue par l'intermédiaire de ces
» parois, quand bien même la membrane ou corps intermé-
» diaire ne soit pas conductrice de l'électricité. Il doit donc
» y avoir autant de courants partiels qu'il y a de pores :
» ces courants sont tous dirigés de l'eau vers la solution
» saline. »

Mais, d'autre part, on connaît le pouvoir qu'a l'électricité
de renverser les obstacles et de transporter les substances.
Dans le cas de cette action on a entre deux molécules un
véritable couple dont le courant va de l'eau vers le sel, et
l'eau étant mauvais conducteur, elle sera transportée vers
la solution salée. C'est ainsi que l'on pourrait expliquer
l'anomalie que présentent les acides. Quoi qu'il en soit,
Becquerel n'attribue pas à l'électricité une action prépondérante dans le phénomène de l'osmose; pour lui, c'est là
un phénomène complexe, et il faut pour l'expliquer faire
intervenir plusieurs causes.

Magnus (1832). — Magnus, frappé du fait découvert par
Fischer, entreprit une série d'expériences pour tâcher
d'élucider le phénomène. Il faisait ses expériences en même
temps que Dutrochet, mais il ne les publia que longtemps
après, vers 1830 ou 1832.

Ses expériences ont principalement porté sur les matières
salines en dissolution dans l'eau. Pour donner la théorie
des phénomènes qu'il avait observés, il fait deux hypothèses :

1° *Il admet que des molécules solides ont une action sur des
molécules liquides;*

2° *Que des liquides de densités différentes doivent éprouver des
difficultés différentes pour passer à travers des tubes capillaires.*

Ce sont là, du reste, deux hypothèses que l'on peut

admettre d'une manière générale. Depuis, les recherches de Duclaux en ont démontré l'exactitude.

Voici maintenant comment Magnus explique le phénomène d'endosmose. Supposons deux liquides séparés par une membrane : ces deux liquides pénétreront cette membrane, mais ils la pénétreront d'une manière différente; le plus dense la pénétrera difficilement, le moins dense plus facilement. Nous aurons ainsi sur les deux faces de notre membrane des molécules de deux liquides, molécules qui seront attirées par les molécules hétérogènes qui se trouvent au-dessus et au-dessous; de telle sorte que, même en admettant l'attraction identique, le volume du liquide le plus dense augmentera, puisqu'il y aura de son côté davantage de molécules moins denses attirées.

« Comme une dissolution plus concentrée doit passer par » des ouvertures étroites plus difficilement qu'une autre » moins concentrée, il était à prévoir qu'en employant des » solutions d'inégale concentration, la plus concentrée aurait » un niveau plus élevé; c'est ce que confirme pleinement » l'expérience. »

Et, en effet, il fit osmoser une solution étendue d'acétate de potasse vers une solution concentrée de sulfate de potasse; il fit plus, et je note ce fait car il me servira plus tard, il fit osmoser une solution d'acétate de potasse peu dense vers une solution plus dense du même sel.

Il renouvelle donc la théorie de la différence des densités, théorie abandonnée par son auteur Dutrochet, on s'en souvient. Cette théorie ne fit guère qu'un adepte, mais un adepte sérieux, il est vrai, Berzélius. Elle existe encore aujourd'hui malgré la réfutation si nette de Dutrochet, malgré tous les travaux qui ont été faits depuis : on la trouve exposée encore dans les ouvrages de physique, surtout élémentaires, qui, en fait de théorie, préfèrent toujours la plus simple, alors même qu'elle n'est pas la plus vraie.

CHAPITRE III

—

BRUCKE. — MATTEUCCI ET CIMA. — LIEBIG. — JOLLY.

Il faut attendre jusqu'en 1841 pour voir apparaître de nouveaux travaux sur l'osmose. On eût dit que les tentatives infructueuses des mathématiciens eussent quelque peu découragé les savants; mais cet état ne dura pas longtemps, on sentit la nécessité de retourner à l'expérience, et ce retour fut des plus heureux. C'est Brücke qui débuta (¹).

Brucke. — Il eut l'heureuse idée de rattacher les phénomènes de l'endosmose aux phénomènes de l'imbibition de la membrane par les liquides. Pour lui, toute membrane présente des canaux capillaires, dans lesquels circulent les deux liquides. Si la membrane est également mouillée par les deux liquides, ou mieux, si l'attraction que la membrane exerce sur eux est la même, ils se mélangeront dans l'intérieur des tubes capillaires et il passera autant de l'un que de l'autre. Mais si l'attraction de la membrane n'est pas la même, si l'eau par exemple est plus attirée que l'autre liquide, l'alcool, nous aurons sur les parois du tube capillaire une couche d'eau pure, et au centre un mélange d'eau et d'alcool; en vertu de la capillarité, la couche d'eau sera animée d'un mouvement de transport vers l'alcool, tandis que le liquide contenu au centre du tube capillaire se dispersera également sur les deux faces de la membrane. Telle est la théorie de Brücke : elle a le mérite de bien

—

(¹) *Poggendorff's Annalen.*

expliquer certaines particularités observées dans l'étude de l'osmose, aussi a-t-elle été adoptée par la plupart des auteurs allemands.

Matteucci et Cima (1845). — Matteucci et Cima étudièrent l'osmose uniquement au point de vue physiologique; ils se placèrent dans les conditions qui les rapprochaient le plus de ce qui se passe dans l'organisme; ils essayèrent comme membrane des peaux, des muqueuses d'estomac et de vessie; les liquides dont ils se servaient étaient de l'eau, de l'alcool et des dissolutions de sucre, de gomme et d'albumine. Les faits qu'ils découvrirent présentent un grand intérêt, tant au point de vue physique qu'au point de vue physiologique; aussi, m'y étendrai-je un peu.

L'appareil dont ils se sont généralement servis est le simple endosmomètre de Dutrochet.

Ils divisent les membranes étudiées en trois catégories : dans la première entrent les peaux de grenouille, de torpille et d'anguille; dans la seconde, l'estomac de l'agneau, du chat, du chien et le gésier du poulet; dans la troisième, la vessie du bœuf et du porc.

1° *Peaux de grenouille, d'anguille et de torpille.* — Pour cette étude, Matteucci et Cima montèrent deux endosmomètres de Dutrochet avec la peau placée en sens inverse. C'est-à-dire que, dans l'un, la face interne de la peau regardait l'intérieur de l'endosmomètre; dans l'autre, elle était à l'extérieur. Les deux appareils étaient remplis de la même solution de gomme et placés dans le même cristallisoir contenant de l'eau distillée. La peau qu'ils expérimentèrent tout d'abord fut la peau de torpille. Le fait qu'ils observèrent est des plus curieux : l'endosmose n'était pas la même dans les deux appareils. La colonne liquide, dans celui où la face interne de la peau était en contact avec l'eau distillée, s'élevait beaucoup plus vite que dans l'autre. Ils répétèrent cette expérience; ils employèrent des solutions de sucre et d'albumine; le phénomène se passa toujours de la même façon : *l'eau paraissait passer bien plus facilement lorsqu'elle était en contact avec la face interne.*

Les résultats furent absolument les mêmes avec les peaux de grenouille et d'anguille, à cela près toutefois que la différence ne se manifesta pas dès le début pour la peau d'anguille; mais, au bout de quelque temps, le phénomène apparut avec beaucoup de netteté. Dans tous les cas, du reste, le sens du courant était dirigé de l'eau vers la solution. Avec l'alcool, on observe un phénomène analogue ; ainsi, avec la peau de grenouille, le courant a toujours lieu de l'eau vers l'alcool, mais il est favorisé lorsque l'eau est en contact avec la face externe. — Avec la peau d'anguille, on observe aussi une différence dans l'ascension du liquide dans les deux endosmomètres. Ici, le courant est favorisé, lorsque l'eau est en contact avec la face interne. — Avec la peau de torpille, on observe un fait plus anormal encore : au début, l'expérience marche absolument comme avec une peau d'anguille; mais, au bout de quelques heures, l'ascension diminue dans l'endosmomètre dont la face externe est en contact avec l'eau; elle finit par cesser, puis par devenir *négative,* Dutrochet dirait *déplétive.*

Ce sont là des phénomènes tout à fait inattendus et d'un haut intérêt au point de vue physiologique. Matteucci et Cima les retrouvèrent avec les autres membranes animales étudiées. Mais, je dois le dire avant d'aller plus loin, l'état de la membrane exerce une grande action sur ces phénomènes; il faut que les membranes soient très fraîches, surtout pour la peau d'anguille.

2° Estomacs d'agneau, de chien, de chat, et gésier de poulet. — Comme dans les expériences précédentes, il faut avoir des membranes fraîches. Matteucci et Cima employaient pour cela des estomacs d'animaux que l'on venait de tuer. Ils les disséquaient avec soin et n'employaient que la muqueuse. Les résultats qu'ils obtinrent furent analogues à ceux obtenus avec la peau d'anguille, de grenouille et de torpille, en ce sens que le courant était favorisé par la position de la membrane. — Avec l'estomac d'agneau et l'eau sucrée, le courant était favorisé lorsque la face interne (celle qui est tournée naturellement à l'intérieur) est en rapport avec l'eau, de même avec l'eau gommée. C'est le contraire qui a lieu avec une solution de blanc d'œuf. Du reste, l'élévation est très faible avec cette substance.

Les résultats obtenus avec l'estomac de chat et de chien et l'eau sucrée sont inverses. La même chose a lieu avec la solution de gomme. Seulement il faut que les membranes soient très fraîches; sans quoi le phénomène est très peu marqué et donne quelquefois lieu à une endosmose déplétive. Mais, alors même que l'endosmose est déplétive, on constate toujours une différence dans la vitesse avec laquelle les deux liquides descendent.

La muqueuse du gésier ne se comporte pas de la même façon. Avec l'eau sucrée, on constate que le courant est favorisé lorsque l'eau est en contact avec la face interne; mais, avec les solutions de gomme et d'albumine, outre que l'ascension est très faible, elle paraît être la même, quelle que soit la position de la muqueuse.

Avec l'alcool comme liquide interne, Matteucci et Cima trouvèrent que l'endosmose implétive est toujours favorisée lorsque l'eau est en contact avec la face interne, quand on emploie l'estomac d'agneau, de chien et de chat; mais avec le gésier du poulet, l'endosmose est toujours déplétive, et elle est favorisée lorsque l'alcool est en contact avec la face interne.

Dans le cas de muqueuses stomacales, le phénomène est analogue à celui que présentent les trois peaux examinées par Matteucci et Cima; mais on constate des anomalies bizarres qui paraissent peu explicables et qui compliquent beaucoup ce phénomène.

3° Matteucci et Cima obtinrent des résultats analogues avec les *muqueuses des vessies de bœuf et de porc*. Dans ce cas, l'endosmose était favorisée avec l'eau sucrée, lorsque l'eau pure était en contact avec la face externe. Avec une solution de gomme, c'était l'inverse qui avait lieu. Avec une solution de blanc d'œuf, le courant paraissait ne pas exister.

De toutes ces expériences, Matteucci et Cima tirèrent quelques conclusions de la plus grande importance au point de vue de la physiologie :

1° C'est le rôle important de la membrane sur l'absorption. Telle muqueuse, par exemple, n'absorbera pas indifféremment toutes les substances. Ainsi, la muqueuse du gésier n'absorbera pas de solution de gomme, etc.

2° Il y a en général, pour ne pas dire toujours, une position de la membrane dans laquelle l'endosmose est favorisée.

3° En général, l'endosmose est favorisée de la face interne à la face externe pour les peaux.

4° Pour les muqueuses, il n'y a pas de loi générale.

5° Le phénomène est étroitement lié à l'état physiologique de la membrane.

Matteucci et Cima eurent le mérite de ne vouloir pas édifier de théorie sur leurs expériences. Ce qu'ils ont essayé de déduire, c'est que *lorsque l'endosmose paraît la plus active, l'exosmose l'est fort peu, et lorsque l'endosmose paraît moins active, l'exosmose l'est beaucoup plus.*

Pour le démontrer, ils ont pris la peau de grenouille et de l'eau salée, en ont rempli deux endosmomètres et les ont plongés dans des cristallisoirs contenant la même quantité d'eau que les endosmomètres. Puis, après un certain temps, ils ont mesuré tous les liquides, et ont pris la densité de ceux contenus dans les deux endosmomètres ; ils ont vu

que la densité de celui dont le volume avait augmenté était
plus grande que celle du liquide dont le volume avait
diminué. Donc, dirent-ils avec raison, ce n'est pas le passage
de l'eau qui est favorisé, c'est le passage du liquide plus
dense qui l'est en général.

LIEBIG. — C'est en 1849 que parut, dans les *Annales de
Chimie et de Physique,* la traduction d'un important mémoire
de Justus Liebig sur *quelques-unes des causes du mouvement des
liquides dans l'organisme animal.* Ce travail est intéressant à
plus d'un titre. Nous verrons, en effet, dans un chapitre
ultérieur, qu'il y aborde la question de la diffusion, qu'il en
parle d'une manière fort nette, et qu'il peut, avec raison,
être considéré comme le précurseur de Graham. Ce qui
nous intéresse pour le moment, ce sont les faits qui se rattachent à l'endosmose. Ce travail aurait dû faire époque, et
c'est à peine s'il a attiré l'attention du monde savant. C'est
que Graham ne tarda pas à publier ses travaux sur le même
sujet, travaux qui ont eu tant d'éclat, qu'ils ont fait oublier
ceux de Liebig. Et cependant, on trouve exprimée dans ces
derniers une théorie nouvelle, basée sur des expériences
sérieuses, mais, il est vrai, incomplètes.

Je ne veux pas analyser le mémoire, je veux seulement en
extraire ce qui est utile au sujet que je traite.

Tout d'abord, Liebig démontre que tous les tissus sont
un mélange de matières solides et d'eau, ou mieux, une
véritable combinaison dans laquelle l'eau joue un rôle fort
important. Il appuie cette idée sur une foule de considérations, exactes il est vrai, mais un peu confuses. — Pour lui,
ce mélange d'eau et de matières solides serait dû à la capillarité. Desséchées, toutes les substances animales solides
présentent ou doivent présenter des tubes capillaires très
petits; ce sont eux qui produisent l'introduction de l'eau,
l'*imbibition,* c'est le mot qui convient à ce phénomène.

Une première loi qu'il établit est celle-ci: *Tous les tissus, toutes les membranes n'absorbent pas la même quantité d'eau.* — C'est là une loi presque évidente par elle-même, sur laquelle Liebig n'insiste pas beaucoup.

Puis il démontre par des expériences nombreuses que *le pouvoir d'imbibition n'est pas le même pour les différents liquides.* — Ainsi, un fragment de vessie prendra beaucoup plus d'eau pure que d'eau salée, et il prendra d'autant moins de cette dernière que sa concentration sera plus grande. — De même, l'eau sera beaucoup plus absorbée que l'huile et que l'alcool dans le cas des membranes animales. Ainsi, plongeons dans l'eau un fragment de membrane imbibé d'alcool, et nous le verrons augmenter de volume: il perdra de l'alcool et absorbera de l'eau.

Un autre fait fort important est celui-ci: Si nous saupoudrons une membrane animale, imbibée au maximum d'eau pure, il va se faire une solution de sel marin; mais, comme Liebig l'a déjà démontré, cette solution est moins absorbable que l'eau pure, par conséquent, une certaine quantité va être expulsée de la membrane et suintera à sa surface. C'est le même fait qui se passe, lorsque nous mettons une membrane imbibée d'eau dans l'alcool concentré: il va se faire dans l'intérieur de la membrane une solution d'alcool moins absorbable que l'eau, la membrane se contracte et expulse de l'eau. Liebig cherche à démontrer ce fait en admettant la présence de tubes capillaires dans l'intérieur de la membrane, tubes qui, par leur contraction, chasseraient le liquide.

Puis, il arrive à l'explication de l'endosmose et de l'exosmose, et, là, il confond l'*endosmose* avec l'*endosmose implétive* et l'*exosmose* avec l'*endosmose explétive* de Dutrochet. «Pour ce qui concerne le mélange des deux liquides, » dit-il, le diaphragme n'exerce d'influence déterminée » qu'autant qu'il renferme des pores dans lesquels les deux

» liquides se trouvent en contact. » Pour lui, il y aura action sensible toutes les fois que les deux liquides séparés auront une densité différente, et la rapidité de l'endosmose sera fonction de la différence des densités. « De ces expé-
» riences, il découle que la variation de volume dépend
» d'une différence dans la composition des deux liquides
» en contact par l'intermédiaire de la membrane animale,
» et la durée de la variation de volume est dans un rapport
» direct avec la durée de cette différence. Plus est grande
» la différence de nature ou de composition des deux
» liquides, plus se renouvelle rapidement par l'échange la
» différence des couches en contact avec le diaphragme,
» plus l'un des liquides augmente rapidement, et plus
» l'autre diminue. »

Mais le phénomène fondamental pour Liebig, celui qui prime tous les autres, est *le mélange de molécules solides et de molécules liquides*, on dirait aujourd'hui *la diffusion*. C'est donc à tort qu'on attribue à Graham cette idée. Liebig l'a très nettement exposée dès 1849, et voici en quels termes; il suppose un endosmomètre monté avec de l'eau, une solution de sel et une membrane : « Dans le lieu où l'eau
» pure et l'eau salée se rencontrent, se forme un mélange
» uniforme d'eau salée et d'eau pure qui est en rapport
» supérieurement avec l'eau pure, inférieurement avec l'eau
» salée.

» Entre ces trois couches, dont la supérieure ne contient
» point de sel, l'inférieure peu d'eau, apparaît une nouvelle
» division (on dirait un nouvel équilibre); celle qui contient
» du sel en perd, celle qui n'en contenait pas en reçoit, et
» de cette manière, le sel et l'eau se distribuent uniformé-
» ment et peu à peu dans tout le liquide. » — Je crois que le doute n'est pas possible et que l'on doit considérer Liebig comme l'auteur de la théorie où l'on attribue à la diffusion un grand rôle.

Pour expliquer le fait de l'endosmose, il fait intervenir les données fournies par ses expériences précédentes. L'eau imbibe la membrane, mais si par le fait de l'introduction d'une matière étrangère dans cette membrane le pouvoir d'imbibition de l'eau se trouve amoindri, une quantité d'eau sera expulsée. Outre cette cause d'expulsion de l'eau, il en fait intervenir une autre, c'est la contraction des tubes qui constituent la membrane. Rien n'est obscur comme ce passage du mémoire de Liebig traduit dans les *Annales;* j'aurais voulu me procurer le mémoire original, pour voir s'il est aussi obscur que sa traduction; cela ne m'a pas été possible. Je cite le passage en question : « Pour ce qui
» concerne le changement de volume des deux liquides qui
» se mélangent à travers le diaphragme, il faut prendre en
» considération que le mouillage, le pouvoir absorbant d'un
» corps solide ou la faculté d'un corps liquide de se mouiller,
» est l'effet d'une attraction chimique.

» Des liquides de nature différente ou d'une composition
» chimique particulière sont attirés d'une manière variable
» par les corps solides; ils exercent sur ceux-ci un degré
» d'attraction variable, et même, si nous changeons la
» nature chimique des liquides dans un système de tubes
» capillaires qui en sont remplis, jusqu'à une certaine
» hauteur, nous modifions en même temps l'état du liquide.
» Dans une substance animale saturée d'eau, la capillarité
» et l'attraction réciproque l'empêchent de s'écouler; mais
» si l'attraction des parois des vaisseaux de l'organisme
» pour l'eau est amoindrie par le mélange de celle-ci avec
» de l'alcool ou par la dissolution d'un sel, alors s'écoule
» une partie de l'eau. A cela il faut ajouter que l'eau qui est
» absorbée par une substance animale exerce, lors de sa
» pénétration dans les tubes capillaires, une certaine pres-
» sion, conséquence de son attraction pour ceux-ci, et par
» laquelle les tubes sont gonflés et dilatés; ces molécules

» liquides cèdent à une pression opposée produite par les
» parois élastiques des vaisseaux, et au moyen de laquelle,
» l'attraction des molécules liquides étant amoindrie par
» une nouvelle cause, la quantité du mélange qui s'écoule,
» augmente. »

Je termine en citant le résumé donné par Liebig lui-même
de sa théorie : « Il résulte de ce qui précède que le chan-
» gement de volume de deux liquides susceptibles de se
» mélanger et séparés par des membranes, dépend de
» l'inégal pouvoir d'être mouillés, de l'attraction inégale que
» la membrane possède pour les liquides. L'inégal pouvoir
» d'imbibition de la membrane animale pour les liquides est
» une suite de leur attraction inégale, il dépend de la nature
» différente des liquides ou des substances dissoutes ; une
» proportion inégale de matières dissoutes (une concentration
» inégale) agit dans beaucoup de cas comme si les deux
» liquides contenaient deux substances de nature différente. »

Jolly ([1]). — Dans la même année, Ph. Jolly chercha à
déterminer les équivalents endosmotiques des principales
substances, convaincu qu'ils devaient exister. Il se servait
pour cela d'un endosmomètre ordinaire, et, comme membrane, d'une membrane animale desséchée.

L'équivalent endosmotique d'une substance était pour
Jolly le rapport qui existe entre *les poids de la substance et
de l'eau diffusés dans le même temps*. Il pesait la quantité de
sel qu'il introduisait dans son appareil; lorsqu'elle était
complètement exosmosée, il pesait l'endosmomètre et
pouvait ainsi connaître le poids de l'eau introduit. On peut
encore définir l'équivalent endosmotique d'une substance
en disant que c'est *le poids de l'eau susceptible de s'échanger
contre elle dans le phénomène de l'osmose.*

(¹) *Zeitschrift für ration. Med.*, 1849, t. VII, p. 83.

Je donne ici quelques équivalents déterminés par Jolly :

Acide sulfurique (SO³ HO)...............	0,349
Alcool...............................	4,169
Sucre................................	7,157
Sulfate de magnésie..................	11,652
Gomme arabique.......................	11,790
Potasse hydratée.....................	215,745

Ludwig. — Ludwig prouva que ces équivalents étaient chimériques en montrant qu'ils variaient :

1° Avec la durée de l'expérience ;

2° Avec la membrane ;

3° Avec la densité de la solution.

D'autres savants comme Clœtta, Eckhar, Vierordt, Schumacher arrivèrent à des résultats analogues.

Béclard. — En 1851, un célèbre physiologiste, Béclard, édifia une théorie toute nouvelle des phénomènes de l'endosmose, et l'étaya d'assez nombreuses expériences.

Pour lui, le rôle de la membrane n'est que secondaire ; « la cause du phénomène réside dans les liquides en » contact ». La membrane ne fait que retarder le mélange et voilà tout. Encore faut-il que les liquides n'aient pas d'action chimique sur la membrane ; sans quoi le phénomène serait troublé. — L'eau s'endosmose vers tous les liquides et vers toutes les solutions. *En général, les liquides qui ont la chaleur spécifique la plus élevée s'endosmosent vers ceux qui l'ont plus faible.* C'est là une loi qui est générale pour Béclard. Comme je n'aurai pas l'occasion de revenir sur cette théorie, je vais immédiatement donner quelques chiffres, qui feront comprendre les idées de l'auteur :

SUBSTANCES.	CHALEUR SPÉCIFIQUE.
Alcool...............................	0,611
Éther................................	0,503
Esprit de bois.......................	0,671
Éther acétique.......................	0,484
Essence de térébenthine..............	0,467
Huile d'olive........................	0,300

Ainsi, l'alcool s'endosmose vers l'éther, vers l'essence de térébenthine, vers l'huile d'olive, vers l'éther acétique; mais l'esprit de bois, ayant une chaleur spécifique plus grande que l'alcool, s'endosmose vers cette substance.

L'éther s'endosmose vers l'éther acétique, vers l'huile d'olive, vers l'essence de térébenthine. L'essence de térébenthine vers l'huile d'olive; l'éther acétique vers l'essence de térébenthine et l'huile d'olive. L'eau, étant de tous les liquides celui qui a la plus grande chaleur spécifique, s'endosmose vers tous les autres.

La direction du courant de l'endosmose dépend donc uniquement de la différence des chaleurs spécifiques. Mais l'intensité dans le courant est-elle directement proportionnelle à cette différence? Béclard affirme que oui lorsque les liquides sont miscibles en toute proportion. Mais il n'en est plus de même lorsque les liquides ne sont pas miscibles en toute proportion. Ainsi, l'eau ne s'endosmose pas vers l'huile d'olive, quoique la différence de chaleur spécifique soit très grande, car les deux liquides ne sont pas miscibles. Quant à la membrane, elle n'a qu'un rôle absolument passif, et quand elle intervient, c'est pour troubler le phénomène de l'endosmose, et uniquement pour cela.

« Les mouvements d'endosmose peuvent être, au point » de vue physico-chimique, considérés comme des phéno- » mènes moléculaires de chaleur latente. La force avec » laquelle ils se produisent est lente, successive; mais elle a » une énergie considérable. Dutrochet évalue qu'elle peut » faire équilibre à plusieurs atmosphères. »

WIEDEMAN. — Wiedeman en 1853 a particulièrement étudié l'endosmose électrique. Il fit deux séries d'essais. En premier lieu, pour étudier le transport des particules matérielles par le courant électrique, il sépara deux liquides par un vase poreux; mit le liquide extérieur en contact avec le pôle positif d'une pile, le liquide intérieur avec le pôle négatif : la disposition de l'appareil permettait de recueillir tout le liquide transporté. Il put ainsi déterminer quatre lois très importantes :

1° *Les quantités de liquide transporté dans des temps égaux sont proportionnelles à l'intensité du courant.*

Cette loi presque évidente par elle-même fut démontrée par un grand nombre de faits.

2° *La quantité de liquide transporté est indépendante de la surface de la membrane.*

3° *Elle augmente proportionnellement avec la résistance.* C'est-à-dire que la quantité du liquide transporté sera d'autant plus grande qu'il sera moins bon conducteur de l'électricité.

4° *Pour une intensité donnée du courant voltaïque, la quantité de liquide entraîné est indépendante de l'épaisseur de la paroi.*

Mais, dans toutes les expériences effectuées d'après cette méthode, le phénomène est complexe; car l'effet du courant n'est pas totalement représenté par le liquide transporté, le transport produisant nécessairement des frottements contre les parois du tube capillaire. Aussi, Wiedeman fut-il conduit à modifier son appareil. Il substitua un manomètre au tube par lequel le liquide s'écoulait, transformant ainsi le vase intérieur en une cavité close, dont la pression intérieure pouvait être mesurée facilement. Il établit ensuite la communication avec la pile : le mercure du manomètre s'éleva tout d'abord, mais ne tarda pas à devenir stationnaire. A ce moment, le liquide introduit par l'action du courant était précisément égal au liquide qui filtrait sous la pression de la colonne mercurielle. Il est bien évident qu'alors l'action du courant est absolument la même que celle de la colonne mercurielle.

Il put alors constater que la hauteur du mercure dans le manomètre *augmente proportionnellement à l'intensité du courant.*

qu'elle varie *en raison inverse de la surface de la membrane et en raison directe de l'épaisseur du diaphragme poreux*. Lois qui concordent avec l'écoulement du liquide par les tubes capillaires et avec la loi établie précédemment.

On peut donc admettre la loi générale suivante : *La force avec laquelle un courant voltaïque tend à transporter un liquide à travers une paroi poreuse, du pôle positif vers le pôle négatif, est mesurée par une pression qui est proportionnelle à l'intensité du courant, à la résistance électrique du liquide, à l'épaisseur de la paroi, et inversement proportionnelle à la surface de la paroi.*

Si nous supposons maintenant deux liquides de nature différente séparés par une membrane, et, de chaque côté de cette membrane deux plaques conductrices réunies par un fil gros et court, ces deux plaques étant à une tension A, il y aura production d'un courant dont l'intensité i sera proportionnelle à la tension A, à la surface S, et inversement proportionnelle à l'épaisseur e de la membrane et à la résistance r :

$$i = k \frac{AS}{er} \qquad (1)$$

k étant une constante.

Mais, d'après la loi générale précédente, nous avons pour formule de la force développée :

$$h = c \frac{ier}{S} \qquad (2)$$

h étant la hauteur du mercure, hauteur proportionnelle à l'intensité i du courant, à l'épaisseur e de la membrane, à la résistance r du liquide, et inversement proportionnelle à la surface S de la membrane, c étant une constante.

En substituant dans (2) la valeur de i prise dans l'équation (1), il vient :

$$h = ck \frac{AS}{er} \cdot \frac{er}{S}$$

$$h = ck A = mA$$

m étant une constante.

On peut donc dire que l'effet de la force électro-motrice existant entre les deux faces de la membrane tend à transporter le liquide vers le pôle négatif avec une force égale à une pression proportionnelle à cette force électro-motrice elle-même.

J'ai insisté sur les travaux de Wiedeman, parce que je n'aurai pas l'occasion d'y revenir dans l'exposé des phénomènes osmotiques. Car, l'endosmose électrique est un phénomène absolument distinct de l'endosmose ordinaire; j'en donnerai les raisons plus loin.

Graham. — C'est vers 1849 que Graham entreprit la série des recherches qui devaient le conduire à l'assimilation de l'endosmose à la diffusion. Mais ce n'est que vers 1855 qu'il affirma les rapports qui existent entre ces deux ordres de phénomènes. — Je l'ai déjà dit, ce n'est pas à Graham, comme on le fait habituellement, que l'on doit attribuer cette idée; c'est à Liebig, qui l'a émise au moins quatre ou cinq ans avant lui. Quoi qu'il en soit, les travaux de Graham offrent un grand intérêt, car ils ont servi à mettre en lumière la théorie de Liebig et à la confirmer par des expériences faites avec beaucoup d'habileté et de bonne foi. — Pour simplifier les phénomènes d'endosmose et d'exosmose, il les suppose produits par une force unique, la force osmotique ou l'osmose; il remplace l'expression d'*endosmose implétive* de Dutrochet par celle d'*osmose positive*, et d'*endosmose déplétive* par celle d'*osmose négative*. Dans son mémoire, il dit que l'osmose positive représente l'endosmose de Dutrochet, et que l'osmose négative en représente l'exosmose. C'est là une erreur analogue à celle de Liebig. — Le mot *osmose* était un mot nouveau, qui n'ajoutait rien au phénomène découvert par Dutrochet; mais, comme tous les mots nouveaux accompagnés d'un grand nombre de chiffres, il fit fortune; et, maintenant, partout l'endosmose de Dutrochet est remplacée par l'osmose de Graham.

Comme je l'ai déjà dit, Graham adopta la théorie de Liebig; les phénomènes osmotiques ont de très grands rapports avec les phénomènes de diffusion. « On se deman-
» dera tout d'abord si l'osmose n'est pas la diffusion de
» l'eau dans la solution saline. Il semble, en effet, tout
» naturel d'admettre que la diffusion constitue un double
» phénomène, mouvement des particules d'un sel dans un
» sens et mouvement simultané de l'eau en sens contraire
» pour le remplacer dans l'osmomètre. L'eau semble d'ail-
» leurs être un liquide éminemment diffusible : elle paraît,
» en effet, se diffuser, toutes choses égales d'ailleurs,
» quatre fois plus vite que l'alcool, et quatre à six fois plus
» vite que le sel le plus diffusible. De ces nombres on
» pourrait conclure que pour une partie de certains sels
» qui sortirait de l'osmomètre, quatre à six parties d'eau y
» pénétreraient. La diffusion des liquides tend, je crois, en
» général, à augmenter le volume du fluide contenu dans
» l'osmomètre : et, sans doute, la faible ascension que l'on
» observe en plaçant dans l'appareil de dissolution du
» chlorure de sodium, du sulfate de magnésie, du sucre ou
» telle autre substance organique, est due en partie, sinon
» en totalité, à la faible diffusibilité de ces matières, une
» fois qu'elles sont arrivées à l'état liquide, comparée à la
» diffusibilité bien plus grande de l'eau. »

Mais le phénomène de l'osmose n'est pas aussi simple que cela. Il est rare, en effet, que les substances employées n'agissent pas chimiquement sur la membrane. Aussi, Graham est-il amené à admettre cette action chimique, précisément parce qu'il n'y a que fort peu de substances qui suivent dans leur osmose les mêmes lois que dans la diffusion. Parmi ces dernières, on ne peut guère noter que l'alcool, la dissolution de sucre et le sulfate de magnésie.

Toutes les autres substances, surtout celles qui produisent une osmose considérable, agissent donc chimiquement sur la membrane. — On pourrait appeler électro-chimique la théorie qu'émit Graham pour expliquer l'osmose dans ce cas. La molécule d'un liquide n'est pas HO; mais une agglomération de plusieurs molécules HO; on pourrait la représenter par la formule : $n(HO)$. On conçoit qu'un arrangement autre que celui-ci puisse se produire. On pourrait avoir par exemple : $(H^{m+1}O^m)+O$; dans ce cas, $H^{m+1}O^m$ jouerait le rôle de radical, comme ceux de la chimie organique, et pourrait se transporter facilement vers le pôle négatif.

L'affinité pour l'oxygène sera d'autant plus grande, Graham l'admet, que le rapport des équivalents sera moins grand.

$(H^{m+1}O^m)+O$, m représentant un nombre assez fort, aura moins d'affinité pour l'oxygène que $(H^3O^2)+O$, par exemple. Aussi, est-ce l'équilibre le moins stable qui tendra à se produire. Lorsque $H^{m+1}O^m$ sera arrivé au pôle négatif, il y aura décomposition, H se dégagera, et il restera H^mO^m, de l'eau.

« Lors donc que l'eau est soumise au courant voltaïque, » elle prendra sans aucun doute l'arrangement moléculaire » supposé qui représente le groupement binaire, dont la » décomposition en un élément positif et un élément négatif » sera le plus facile. »

L'expérience, au dire de Graham, démontre amplement cette hypothèse. Comment expliquer autrement le fait du transport de l'eau vers le pôle négatif, puisque la quantité de l'eau transportée est directement proportionnelle à la quantité d'hydrogène dégagé? C'est là le seul argument sérieux invoqué par Graham en faveur de sa théorie; et, nous le verrons plus tard, cet argument n'en est pas un. Du reste, il en convient lui-même, cette hypothèse n'explique pas absolument tous les faits de l'endosmose électrique.

— La véritable cause de l'osmose, celle à laquelle il revient toujours, est la décomposition de la membrane; c'est un phénomène chimique s'opérant dans son intérieur. « Le fait » d'une décomposition chimique s'effectuant au sein d'un » diaphragme poreux et résistant est propre à manifester le » mouvement et le transport de l'eau associée en fortes pro- » portions avec les substances qui prennent part à la » réaction. »

C'est ainsi qu'il explique le phénomène découvert par Matteucci et Cima; si la membrane jouit de la propriété de favoriser le courant lorsqu'elle est tournée dans un certain sens, c'est que, suivant sa position, les produits qui résultent de sa décomposition tombent dans l'un ou dans l'autre des deux liquides et viennent en modifier le pouvoir osmotique.

La membrane est, en effet, le siège d'une décomposition incessante, d'une réaction continuelle; car les liquides qui la baignent en dissolvent toujours certains éléments. C'est d'ailleurs avec les substances qui jouissent de la propriété d'attaquer plus vivement les membranes (alcalis caustiques), que l'action osmotique se produit avec le plus de force. « Les sels et les autres substances qui, même en solution très » étendue, déterminent une osmose considérable, appar- » tiennent d'ailleurs tous à la classe des substances chimi- » quement actives. Au contraire, la grande majorité des » matières organiques neutres et des sels métalliques » parfaitement neutres, à acide monobasique, tels que les » chlorures alcalins, ne déterminent qu'une osmose très » faible. »

Mais une condition essentielle pour que le phénomène d'osmose ait lieu, c'est que les liquides soient chimiquement différents : chacun, en effet, doit agir différemment sur la membrane; car, si leur action était la même, les forces seraient égales, et l'osmose ne pourrait avoir lieu.

C'est à dessein que dans cet historique des théories de Graham je me tiens dans le vague; lui-même, en effet, y reste de la façon la plus complète. Je le cite pour en donner un exemple : « Si l'on emploie deux liquides identiques de » chaque côté, de l'eau pure par exemple, il pourra bien se » manifester des actions chimiques; mais elles seront les » mêmes sur les deux faces du diaphragme; les mouvements » du fluide qu'ils tendront à produire étant égaux et de » direction opposée, devront évidemment s'entre-détruire. » Pour que les actions exercées sur les deux faces soient » inégales, il faut donc que les liquides qui les baignent » soient différents. Toutefois, il est difficile d'assigner les » limites et la véritable nature des actions chimiques. »

Pour achever de donner une idée de sa théorie, Graham essaye de montrer la disposition des molécules dans l'intérieur de la membrane. Il y a, d'après lui, *polarité* véritable : les molécules se disposent toutes dans un même sens s'il s'agit d'un sel; l'acide regarde l'une des faces et la base regarde l'autre. L'albumine de la membrane se combine alors soit à l'acide soit à la base. Cela ne peut évidemment avoir lieu qu'avec les sels qui se décomposent par le fait de l'osmose, et c'est le cas le plus général.

C'est en cela peut-être que consisterait l'action chimique dont parle Graham; mais il ne le dit pas d'une manière bien positive.

Après avoir exposé *ses théories*, Graham passe à l'étude des différents sels au point de vue osmotique. Et cette partie de son mémoire est, à mon avis, la mieux faite et la plus importante.

Il montre tout d'abord que le pouvoir osmotique est d'autant plus faible que l'action chimique des substances sur la membrane est moins considérable. — Ainsi, l'alcool, le sucre et le sulfate de magnésie. — Le pouvoir diffusif de ces substances est analogue à leur pouvoir osmotique; c'est ce qui lui permet d'établir une analogie entre ces deux ordres de faits.

Graham démontre ensuite que le fait découvert par Dutrochet relativement aux acides sulfurique, tartrique, chlorhydrique, etc., etc., est général ; qu'il est vrai non seulement pour tous les acides, mais encore pour les sels acides tels que le chlorure d'or, le chlorure de platine, le bisulfate de potasse. Du reste, presque tous ces composés ont une osmose négative ou très faiblement positive.

Graham a aussi démontré que les sels qui présentent entre eux une certaine analogie dans leur diffusibilité, présentent la même analogie dans leur pouvoir osmotique. — Ainsi, les chlorures de barium, sodium et calcium. — Avec les sels de potasse, Graham observa un fait fort curieux. Je vais le mentionner, car j'en ai observé moi-même un d'analogue. Dans les nombreux essais qu'il fit, s'il n'avait pas soin, après chaque expérience, de bien laver ou de changer la membrane, il observait des anomalies inexplicables. « Il » semble ressortir des résultats précédents que l'influence » d'un sel se prolonge quelquefois après que l'on a retiré » ce sel de l'osmomètre. »

Enfin, comme dernier résultat de ses recherches, je mentionnerai l'action de certains sels sur les phénomènes osmotiques. Des carbonates de soude ou de potasse, par exemple, ajoutés en très petite quantité aux solutions des sulfates de soude ou de potasse en exagèrent beaucoup le pouvoir osmotique.

Il est une application du phénomène de l'endosmose que, bien à tort, l'on attribue à Graham ; je veux parler de la dialyse et du dialyseur. Les mots sont bien de lui, je le reconnais ; mais l'idée en appartient à Dubrunfaut. Dans le mémoire publié par Graham en 1855, dans les travaux effectués avant cette époque, il n'est pas le moins du monde question de ce procédé d'analyse ; il dit seulement que l'on pourrait séparer les cristalloïdes des colloïdes dissous par la diffusion; mais ce procédé n'est pas pratique, à cause de sa longueur et de son imperfection. Dubrunfaut, au contraire, dès 1854, a décrit son procédé d'analyser les mélasses par le phénomène découvert par Dutrochet. Comme j'espère le démontrer plus loin, les principes de ces deux procédés d'analyse sont très différents. Tout ce que j'ai voulu dire ici, c'est que le véritable inventeur de la dialyse et du dialyseur, c'est Dubrunfaut. Le procédé qu'indiqua Graham est impraticable et absolument différent de celui du savant français.

MORIN. — En 1852, Morin publia quelques expériences d'endosmose qui l'amenèrent à émettre des idées tout à fait contraires à celles qui avaient cours alors. Il essaya de produire l'endosmose avec un vase de grès d'Angleterre, en employant comme liquide intérieur soit une solution albumineuse, soit une solution de gomme, de sucre, de lait, une solution de jaune d'œuf, et de l'eau comme liquide extérieur. Il n'obtint aucune variation dans le volume du liquide intérieur. — On est tout étonné de le voir, après cette expérience, admettre que l'endosmose est un phénomène purement physiologique, *puisqu'il ne dépend pas de la porosité. « Il n'y a pas d'endosmose proprement dite avec les vases » poreux formés de matières inorganiques. »*

L'auteur ne devait certainement pas avoir connaissance des expériences fondamentales de Dutrochet.

Plus loin, il explique la différence d'action que présentent les corps poreux inorganiques et les membranes organiques, en admettant que les phénomènes de l'osmose sont dus à la contraction des tubes capillaires qui constituent la membrane.

L'étude du passage des matières émulsionnées dans les vaisseaux est ce que Morin a fait de plus intéressant : il a

constaté que le courant électrique favorise beaucoup ce
passage. Mais, je dois faire remarquer que l'auteur semble
confondre de la manière la plus complète le phénomène
d'endosmose et le passage des matières émulsionnées au
travers des membranes. Il y a là certainement deux ordres
de faits absolument distincts.

DUBRUNFAUT. — Les travaux de Dubrunfaut ont trait principalement à l'application des phénomènes de l'osmose à
l'industrie. Il a fait peu d'expériences pour chercher à connaître la véritable cause du phénomène. Esprit essentielle-
ment pratique, il a compris tout le parti que la grande
industrie sucrière pourrait tirer des propriétés que possè-
dent les membranes. — Dans l'extraction du sucre on sait
qu'une partie du sucre cristallisable est rendue incristal-
lisable par la présence de sels et de glucose, d'où résulte
nécessairement une perte assez notable de sucre. Le pouvoir
osmotique du sucre est plus faible que celui des sels qui
l'accompagnent dans le suc de la betterave; Dubrunfaut,
après la lecture des travaux de Dutrochet, eut l'heureuse
idée d'essayer de purifier le sucre en utilisant cette particularité. C'est alors (en 1853) qu'il construisit le premier
dialyseur. Le nom n'est pas de lui; qu'importe, l'appareil lui
appartient. Le titre authentique de cette découverte date du
1er avril 1854, trois mois avant la publication du mémoire
de Graham sur l'endosmose, mémoire où l'auteur est du
reste fort loin d'avoir découvert cet appareil et le principe
sur lequel il est fondé.

Je sais bien que quelques années auparavant Graham
avait étudié les lois de la diffusion et avait établi que les
différentes substances solubles ne se diffusent pas dans le
même temps; qu'il avait aussi énoncé que l'on pourrait
peut-être par ce procédé arriver à analyser un mélange de
sels. Mais ce procédé qui superposait les liquides suivant

leur ordre de densité est d'une lenteur inconcevable. et, du reste, n'a jamais été employé dans aucun laboratoire, à plus forte raison dans l'industrie. — Le principe de Dubrunfaut, au contraire, est le principe de l'endosmomètre de Dutrochet. Il place les liquides de telle sorte que le plus dense est au-dessus, condition des plus heureuses pour faciliter la séparation des sels.

Ceux, il est vrai, qui admettent la similitude entre l'osmose et la diffusion, pourront peut-être dire que le dialyseur réalise un cas de la diffusion et que Graham doit être, quand même, considéré comme le véritable inventeur du dialyseur. Mieux vaudrait dire que c'est Dutrochet. Et d'abord, j'ai déjà démontré que l'idée de la similitude de l'osmose et de la diffusion n'appartient pas à Graham, mais à Liebig. Alors même que Graham serait le véritable auteur de cette théorie, il suffirait de considérer qu'il ne l'a émise que trois mois après la publication du mémoire de Dubrunfaut, pour bien faire voir que ses idées théoriques pas plus que ses faits expérimentaux n'ont pu conduire Dubrunfaut à la découverte de son dialyseur.

Plus tard, Graham prit l'appareil de Dubrunfaut, le modifia légèrement et voulut se l'attribuer. Ce que le savant français eût tout bonnement désigné sous le nom d'analyseur, reçut de Graham un nom nouveau, celui de *dialyseur,* et le principe d'analyse sur lequel il repose, celui de *dialyse* Ces deux noms firent fortune, et aujourd'hui le nom de Graham est inséparable de dialyseur et de dialyse : c'est là une injustice.

Le travaux que Dubrunfaut a faits relativement à la diffusion seront relatés plus loin.

Lhermite (1855). — Lhermite modifie la théorie de Poisson. Soit *(fig. 3)* AB un des tubes capillaires de la membrane, soit C la section plane de ce tube, soient *a* et *b* deux

éléments de paroi. Si la membrane est en contact par ses
deux faces avec des liquides de nature différente, ils pénétreront tous les deux dans le tube capillaire, et seront en
contact l'un avec l'autre par la surface C.

Fig. 3.

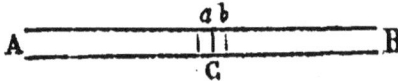

L'élément *a* agit sur le liquide contenu dans l'élément *b*;
de même l'élément *b* agit sur le liquide contenu dans l'élément *a*. Si ces deux actions sont égales, le système restera
en équilibre (en supposant bien entendu que les pressions
exercées sur les orifices A et C soient égales). Mais si l'une
de ces actions est plus forte que l'autre, si, par exemple,
l'élément de paroi *a* attire le liquide contenu dans *b* plus
énergiquement que l'élément de paroi *b* n'attire le liquide
contenu dans *a*, il y aura progression de la colonne liquide,
et, par conséquent, courant. Ce courant sera dirigé de B
vers A.

Pour Lhermite, l'action de la capillarité ne cesse pas dès
que le tube est rempli de l'un des liquides; elle continue,
et c'est elle qui produit le courant osmotique.

Tout d'abord, l'auteur admet comme règle générale que
le liquide le moins visqueux est celui qui s'osmose le plus vite.
Aussi, prétend-il que Dutrochet s'est trompé en disant que
la solution d'acide oxalique est plus visqueuse que l'eau.

Il admet aussi que la force capillaire, la dissolution d'un
solide dans un liquide, et la propriété qu'ont les membranes de pouvoir s'imbiber, sont des phénomènes du même
genre; il les range tous dans la classe des affinités
chimiques.

Les expériences que fit Lhermite sont curieuses et

méritent d'être signalées. Pour démontrer que le phénomène d'imbibition des membranes est analogue au phénomène de dissolution d'un sel dans l'eau, il fit osmoser des substances l'une vers l'autre au travers d'une membrane liquide. Il superposa trois couches de liquides par ordre de densité : la première était de l'eau, la seconde de l'huile de ricin et la troisième de l'alcool. L'huile étant insoluble dans l'eau ne se mêle pas à ce liquide; l'alcool se dissout dans l'huile de ricin et l'eau l'enlève au fur et à mesure. Aussi verra-t-on la couche d'huile s'élever peu à peu, le volume de l'eau augmentant par la dissolution de l'alcool.

Lhermite varia beaucoup ses expériences; il obtint toujours des résultats analogues.

Depuis cette époque, un grand nombre de travaux n'ont cessé d'être publiés sur ce sujet, principalement en Allemagne. D'habiles expérimentateurs comme Hoppe-Seyler, Eckhard, Quinke, ont écrit une foule de mémoires qui tous, de près ou de loin, se rapportent aux applications physiologiques de l'osmose. Au point de vue de la théorie des phénomènes osmotiques, presque tous ont admis la théorie de Brücke que j'ai exposée plus haut.

TRAUBE. — En 1867, un savant allemand fit des expériences très curieuses qui modifièrent les idées que les savants avaient eues jusqu'alors sur l'osmose.

Les recherches qu'il entreprit avaient pour but la reproduction artificielle des cellules. Il se servit de deux solutions assez faibles, l'une de gélatine, l'autre de tannin : il prit une grosse goutte de la première au bout d'une baguette en verre, la laissa sécher à l'air pendant plusieurs heures, puis la porta dans l'autre solution. Il vit alors, ce qu'il avait prévu du reste, une pellicule irisée se former à la surface de la goutte de gélatine; c'était une véritable membrane.

Abandonnée à elle-même pendant plusieurs heures, la goutte augmenta peu à peu de volume; la pellicule qui la recouvrait, restait toujours irisée et était très fortement tendue.

Du grand nombre d'expériences qu'il fit, Traube put conclure que la goutte, transformée en cellule, se développait par une véritable intussusception. La membrane une fois formée, une partie du liquide extérieur pénètre dans l'intérieur, mais il se produit une véritable élection; le tannin ne pénètre pas, car s'il y pénétrait, la solution de gélatine serait précipitée et la goutte se prendrait en une masse solide. La solution de gélatine ayant une densité bien supérieure à celle de la solution de tannin, en attire l'eau peu à peu; mais alors la membrane se trouve distendue et par conséquent les molécules qui la composent sont écartées les unes des autres, ce qui permet le passage de la gélatine et du tannin : ces deux substances viennent former dans l'écartement des molécules primitives une nouvelle molécule de tannate de gélatine. L'accroissement de la cellule et de la membrane se fait donc par intussusception. C'était là un fait d'un haut intérêt pour la physiologie générale. Jusqu'alors tout ce qui avait trait à la cellule était purement hypothétique, les travaux de Traube firent entrer l'étude physiologique de la cellule dans une voie toute nouvelle. La membrane ainsi formée fut nommée par Traube *membrane de précipitation*, et les substances qui servaient à la produire, reçurent le nom de *substances membranogènes*. La première loi que Traube déduisit de ses expériences est la suivante : *tout précipité dont les intervalles moléculaires sont plus petits que les molécules des corps qui le composent, doit par le contact des dissolutions de ses composants prendre la forme d'une membrane.* Au point de vue osmotique les membranes ainsi produites sont fort intéressantes, car elles ne présentent pas d'ouvertures, ce que l'on ne peut pas dire des autres membranes généralement employées; aussi ont-elles été le sujet de recherches ultérieures, recherches sur lesquelles nous allons revenir.

Traube obtint aussi des membranes de précipitation en employant des solutions de gélatine, d'acétate de plomb ou d'acétate de cuivre. Pour en obtenir, en effet, il n'est pas nécessaire d'avoir recours à des colloïdes, on peut très facilement en produire en se servant de substances cristalloïdes, comme le ferrocyanure de potassium et l'acétate de cuivre, pourvu que la règle générale établie par Traube soit observée.

J'ai déjà dit un mot du mécanisme de l'accroissement de la membrane, il me reste maintenant à parler de quelques particularités qu'il présente. Dans certains cas, il peut se faire que l'accroissement soit régulier; dans d'autres, au contraire, il se fera d'une manière irrégulière et la surface de la cellule paraîtra bosselée. On la voit alors recouverte tantôt de petits corps arrondis analogues à des bourgeons, tantôt de véritables ramifications. Parfois cependant on voit l'accroissement se produire dans une seule direction sans bourgeons ni ramifications. Ce dernier cas se présente particulièrement quand on produit une membrane en plongeant un fragment d'acétate de cuivre dans la solution de ferrocyanure de potassium.

Voyons maintenant comment ces cellules se comportent avec les différents sels avec lesquels on peut les mettre en contact.

Si nous enlevons la solution de gélatine contenue dans l'intérieur d'une cellule, formée par le tannin et la gélatine, et que nous la remplacions par un liquide pouvant produire une osmose positive, nous constaterons que la cellule devient turgescente, mais qu'elle ne s'accroît pas. Ce qui est facile à expliquer, puisqu'il ne se forme pas de nouvelles molécules au fur et à mesure de la dilatation.

Toutes les substances ne passent pas indifféremment au travers des membranes ainsi produites : il faudra, pour que le passage puisse avoir lieu, que le volume de la molécule soit plus petit que l'interstice moléculaire de la membrane; d'où cette conclusion, qu'une membrane de précipitation est imperméable aux corps qui la produisent. Les membranes de tannate de gélatine laissent passer le sulfate d'ammoniaque; le ferrocyanure de cuivre ne laisse pas passer ce même sel.

Il y a un point où les membranes deviennent impropres aux phénomènes de l'osmose, c'est lorsqu'elles sont *infiltrées*, c'est-à-dire lorsque dans leurs interstices moléculaires il s'est fait un dépôt d'une autre substance. Par exemple, dans une membrane de tannate de platine il peut se faire un précipité de sulfate de baryte.

M. Gayon. — En 1874, M. Gayon a communiqué à l'Académie des Sciences le résultat de ses recherches sur la membrane de la coque au point de vue osmotique. On sait que l'albumine de l'œuf est complètement entourée par une double membrane adhérente à la coquille. Avec quelques précautions on arrive à l'enlever dans une assez grande étendue. Si l'on monte avec cette membrane deux endosmomètres de Dutrochet, parfaitement égaux, de telle sorte que dans l'un la face externe de la membrane regarde l'intérieur de l'appareil, dans l'autre qu'elle regarde l'extérieur, on constate que l'ascension du liquide n'est pas la même. Dans l'un des endosmomètres, l'osmose positive est très considérable avec l'eau et l'eau sucrée; dans l'autre, au contraire, elle est souvent nulle ou à peine positive. L'osmose atteint sa plus grande valeur lorsque l'eau est en contact avec la face externe. Dans la disposition inverse, c'est-à-dire quand l'eau est en contact avec la face interne et l'eau sucrée en contact avec la face externe, le niveau ne s'élève que fort peu dans l'endosmomètre ou même ne s'élève pas du tout; mais on aperçoit très nettement des stries abondantes partant de la face inférieure de l'appareil et descendant jusqu'au fond du vase extérieur. Ces stries sont dues manifestement à la filtration de la solution sucrée à travers la membrane. Par conséquent le courant osmotique existe, mais l'endosmose étant égale à l'exosmose, ou à peu près, le liquide ne s'élève que peu dans l'endosmomètre.

Du reste, l'état de la membrane paraît à peu près sans action sur la constance du phénomène: les membranes sèches et conservées depuis fort longtemps ont produit une différence dans l'intensité du courant, absolument comme des membranes fraîches.

M. Gayon a continué ses études sur ce sujet par des expériences très nombreuses mais encore inédites. Il a eu la bonté de mettre à ma disposition ses cahiers d'expériences, dans lesquels j'ai trouvé des faits d'un grand intérêt: avec l'autorisation de leur auteur je les consignerai plus loin.

PFEFFER. — Pfeffer, en 1877, reprit l'étude des membranes produites par précipitation. Il les a étudiées au point de vue de leur pouvoir osmotique et est arrivé à quelques résultats nouveaux qui se trouvent relatés dans un travail assez considérable intitulé: *Osmotische Untersuchungen.*

Afin de pouvoir prendre des mesures, il fallait avoir des membranes d'une certaine étendue, et rien n'est difficile à obtenir comme une membrane par précipitation. Pfeffer a pensé qu'en produisant un précipité dans l'intérieur même des parois d'un vase poreux, on aurait ainsi une cloison qui serait en tout semblable aux membranes produites par précipitation. Il prenait un vase très poreux, bien propre, le plaçait pendant un certain temps dans une solution de ferrocyanure de potassium; lorsqu'il jugeait qu'il était bien imbibé de cette solution, il l'en retirait, l'essuyait avec soin, et le plaçait dans une solution d'acétate de cuivre. Ce sel pénétrait peu à peu dans l'intérieur du vase et y formait un précipité de ferrocyanure de cuivre.

L'auteur étudie ensuite la membrane au point de vue de sa constitution et de son action sur l'osmose.

Au point de vue de sa constitution, il n'est pas absolument du même avis que Traube. Pour lui, l'imperméabilité de la membrane pour les substances membranogènes n'est pas absolue, et la preuve en est dans l'épaississement même de la membrane, épaississement qui, on le comprend facilement, serait absolument impossible, si l'imperméabilité était telle, qu'une couche unique de molécules pût empêcher le passage des corps membranogènes. Il n'admet pas, non plus, que le précipité doive être amorphe pour produire une membrane de précipitation: pour lui, cette condition n'est pas nécessaire.

Le passage de matières solubles peut se faire de plusieurs façons, soit par les interstices moléculaires, soit en se dissolvant directement dans la membrane.

Puis, Pfeffer étudie, et avec beaucoup de soin :
La filtration à travers ces membranes;
L'action de la pression sur les membranes.

Comme beaucoup de ces résultats sont absolument nouveaux, j'aurai l'occasion d'y revenir, et j'en parlerai alors avec plus de détails.

GOTTWALT. — En 1880, Gottwalt publia un travail fort bien fait sur la filtration des matières albuminoïdes à travers les membranes animales (¹). Les résultats auxquels il est arrivé concernent soit l'action de la pression sur la filtration, soit la nature du liquide filtré.

(¹) *Zeitschrift für Physiologische Chemie.*

La pression augmente la quantité du liquide filtré, mais non pas proportionnellement.

Le liquide filtré est toujours moins riche en albumine; c'est là un fait connu déjà depuis longtemps. Du reste, la quantité de substance filtrée varie beaucoup avec les diverses sortes d'albumine; ainsi, l'albumine du sérum filtre mieux que la globuline. Cette quantité varie encore suivant l'état de mouvement ou de repos du liquide extérieur. Dans le premier cas, l'albumine filtre plus vite. La quantité du liquide filtré varie encore avec le temps, c'est-à-dire qu'à pressions égales, une membrane laissera moins filtrer quand elle aura déjà servi pendant un certain temps, que lorsqu'elle n'aura pas encore servi.

Dans ce mémoire, l'auteur cite un autre travail important du Dr Runeberg, travail qu'il m'a été impossible de trouver.

CHAPITRE IV

—

LIEBIG. — GRAHAM. — DUBRUNFAUT. — BLEISTEIN.
A. DUPRÉ. — P. DUPRÉ.

Je passe maintenant à l'historique des phénomènes de la diffusion. On s'est peu occupé de cette question : Liebig et Dubrunfaut ont voulu y rattacher les phénomènes de l'osmose; A. et P. Dupré en ont donné une théorie mathématique; Graham seul a étudié ce sujet d'une manière expérimentale.

J. Liebig. — Ainsi que je l'ai déjà dit dans le troisième chapitre, Liebig a parfaitement constaté le phénomène de la diffusion [1].

Deux liquides d'une composition chimique différente qui peuvent se mélanger et qui, par conséquent, sont animés l'un pour l'autre d'une force d'attraction chimique, se mélangent dans tous les points par lesquels ils sont en contact. Si le nombre des points de contact est augmenté dans un temps donné, la production d'un mélange intime sera facilitée.

« Deux liquides ayant le même poids spécifique ou mieux
» une densité différente se laissent superposer avec quelque
» précaution; ceci est, relativement au temps, le cas le
» plus défavorable au mélange, puisqu'il n'y a que de
» petites surfaces en contact; mais dans tous les points où
» cela a lieu, il n'est plus possible dans un court laps de
» temps de distinguer des limites entre les deux liquides.

» Quand un vase cylindrique contient de l'eau salée, les
» molécules de sel sont attirées à la surface et supportées

---

[1] *Annales de Chimie et de Physique,* 3e série, t. LXV.

» par les molécules d'eau qui sont sur les parois, et à partir
» de la surface vers le fond. Les molécules attractives
» manquent au-dessus de la face supérieure. »

Ces citations et bien d'autres passages du même mémoire
démontrent que Liebig avait déjà une idée assez nette du phénomène de la *diffusion*, phénomène qu'il appelait la *dispersion*.

Quoi qu'il en soit, il a fort peu étudié le phénomène, et,
pour trouver des travaux de quelque valeur sur ce sujet, il
faut en venir à Graham.

GRAHAM. — Graham a, en effet, étudié le phénomène d'une
façon magistrale. C'est lui qui a donné le nom de *diffusion
moléculaire* à ce phénomène, et qui en a établi les principales
lois.

Pour l'auteur, le phénomène de la diffusion est le
phénomène par lequel deux solutions superposées par
ordre de densité se mélangent spontanément.

C'est là un phénomène absolument moléculaire dû à
l'attraction des molécules hétérogènes les unes pour les
autres, attraction que l'on peut regarder comme une sorte
d'affinité.

Graham a vérifié tout d'abord que tous les corps ne se
diffusent pas également vite. Les uns se diffusent très vite,
ce sont les sels solubles et cristallins, tels que le chlorure
de sodium et les chlorures en général; ils ont reçu le nom
de *cristalloïdes*. D'autres, au contraire, comme le caramel,
l'albumine, la gomme, la silice gélatineuse, le sesquioxyde
de fer, ne se diffusent que très lentement; ils ont reçu le
nom de *colloïdes*, en raison de leur apparence, ordinaire-
ment gélatineuse, *pectique*, dit l'auteur.

Graham s'est servi de deux méthodes pour l'étude de la
diffusion :

1° Dans un bocal assez profond, il place un petit flacon à
large goulot, dans lequel il met la solution du sel qu'il

veut étudier. Puis il verse de l'eau distillée dans le bocal, jusqu'à ce qu'elle recouvre complètement le flacon. Pour empêcher le mélange des liquides par l'agitation, Graham avait le soin de recouvrir la solution avec une lame de verre qu'il enlevait ensuite avec précaution.

2° L'autre procédé est plus simple et tout aussi exact; il consiste à faire arriver la solution au-dessous de l'eau à l'aide d'une pipette très fine.

Le phénomène de la diffusion est un phénomène de très longue durée. Il faut laisser les solutions en contact pendant plusieurs jours pour que la diffusion soit complète, et encore ne l'est-elle jamais pour les colloïdes. La substance diffusée ne se répand pas uniformément dans toute la masse liquide : il se forme des couches de concentration différente, qui se superposent par ordre de densité.

Puisque les différents sels n'ont pas le même pouvoir diffusif, un mélange de deux sels pourrait être analysé par ce procédé. C'est ce que pensa Graham : il vit, en effet, que la diffusion d'un mélange de deux sels se faisait très inégalement, le plus diffusif s'élevant plus rapidement que l'autre : mais, résultat inattendu, la différence était plus grande que lorsqu'on faisait diffuser les sels séparément, on aurait dit que la diffusibilité de l'un était accrue et celle de l'autre diminuée. Graham démontra aussi que les différents sels d'un même acide se diffusent d'une manière analogue.

La diffusion n'est pas entravée par la présence dans l'eau d'une substance étrangère, mais elle l'est par la présence d'une certaine quantité du même sel.

Enfin, l'une des conséquences les plus intéressantes de la diffusion et bien mise en lumière par Graham, c'est la décomposition de certains sels instables. Ainsi l'alun se sépare en sulfate de potasse et sulfate d'alumine.

La température augmente la diffusion, mais inégalement. Ainsi certains sels, comme le chlorure de sodium, acquièrent par la chaleur un accroissement de diffusibilité bien plus grand que celui que pourrait acquérir le chlorure de potassium : ces sels ayant, à la température ordinaire, une diffusibilité moins grande que le chlorure de potassium, on voit donc *que la chaleur tend à égaliser la diffusibilité des différents sels.*

DUBRUNFAUT. — Dubrunfaut n'a pas pris de mesures, il a critiqué d'une manière générale les travaux de Graham et a principalement démontré que la division des substances en colloïdes et cristalloïdes était mauvaise, car toutes ces substances diffusent, et il n'est pas facile d'établir une limite précise entre ces deux classes de corps.

BLEISTEIN. — Bleistein s'est aussi beaucoup occupé de la diffusion : il a pris un grand nombre de mesures qui concordent à peu près avec celles de Graham.

A. DUPRÉ ET P. DUPRÉ. — Ces deux auteurs, dans plusieurs mémoires adressés à l'Académie des Sciences, ont cherché à établir une théorie mathématique de la diffusion.

Par des considérations sur la mécanique moléculaire dans lesquelles je ne puis entrer, ces auteurs ont établi que la *diffusion a lieu toutes les fois que la force de réunion des deux fluides l'un avec l'autre surpasse la moyenne arithmétique entre leurs forces de réunion respectives.* Soient deux liquides A et B ; l'attraction moléculaire de A pour une molécule de B est représentée par F'; l'attraction entre deux molécules de A est F et l'attraction entre deux molécules de B est F_1. Nous devons avoir pour que la diffusion ait lieu entre A et B

$$2 F' > F + F_1$$

Si $2 F' = F + F_1$, il n'y aura d'autre action que celle de la pesanteur, et les deux liquides se sépareront en vertu de leurs densités respectives. Si $2 F' < F + F_1$, les fluides tendront à se séparer avec élévation de température.

DEUXIÈME PARTIE

CHAPITRE PREMIER

DIFFUSION MOLÉCULAIRE

La diffusion moléculaire est le phénomène par lequel deux fluides de nature différente mis en contact et sans agitation se mélangent spontanément pour former un tout plus ou moins homogène.

Nous ne traiterons ici que la diffusion des solides et des liquides.

Plaçons au fond d'une éprouvette une solution concentrée d'acide chlorhydrique et recouvrons-la d'eau pure, en ayant soin de ne produire aucune agitation qui puisse mélanger mécaniquement les deux liquides. Au bout de trois à quatre jours, à peu près, nous constaterons que la séparation des deux liquides n'est pas si nettement tranchée qu'au début. L'analyse nous permettra de retrouver d'assez grandes quantités d'acide chlorhydrique, même dans les couches supérieures de l'eau.

Les molécules de HCl se sont donc mélangées aux molécules de l'eau, contrairement à l'action de la pesanteur, qui avait pour effet de les attirer vers le fond de l'éprouvette. C'est là un phénomène de diffusion moléculaire.

Les solutions de tous les sels jouissent, comme la dissolution de HCl, de la propriété de se diffuser dans l'eau. Cette propriété s'appelle la *diffusibilité*.

La diffusion est un phénomène toujours lent à se produire, et encore le mélange des deux liquides n'est-il généralement pas complet, même après un temps considérable. Les couches d'eau qui sont en contact avec la dissolution du sel ou avec la substance à diffuser, sont toujours plus riches que les couches plus éloignées. C'est ce que démontre le tableau suivant emprunté à Graham. Les nombres indiqués sont ceux trouvés par cet auteur en faisant diffuser vers l'eau 100 grammes d'une solution de sel marin au $\frac{1}{10}$.

ORDRE des couches.	QUANTITÉ DE SEL dans chaque couche.	ORDRE des couches.	QUANTITÉ DE SEL dans chaque couche.
1	0^{g}104	9	0^{g}654
2	0 129	10	0 766
3	0 162	11	0 881
4	0 193	12	0 991
5	0 267	13	1 090
6	0 340	14	1 187
7	0 420	15	2 266
8	0 535		

Conditions nécessaires pour que la diffusion ait lieu.

Plusieurs conditions sont absolument indispensables pour que la diffusion moléculaire puisse se produire.

1° Les liquides doivent être de nature différente, soit au point de vue *chimique,* soit au point de vue *physique.*

Ainsi, on ne pourra faire diffuser de l'eau vers de l'eau.

2° *Si les substances qu'on veut faire diffuser sont liquides, elles doivent être miscibles l'une à l'autre.*

Ainsi, l'eau ne diffusera pas vers l'huile; car ces deux liquides ne sont pas miscibles l'un à l'autre. Mais on pourra très facilement faire diffuser l'eau vers l'alcool, l'alcool vers l'éther et vers l'huile de ricin.

Cette condition ressort de la définition même de la diffusion.

3° *Si les substances sont solides, il faut qu'elles soient solubles dans le liquide dans lequel on veut les faire diffuser.*

Ainsi, le sulfate de plomb, le chlorure d'argent ne pourront diffuser vers l'eau. Tous les sels solubles, au contraire, tant minéraux qu'organiques diffuseront vers ce liquide.

Classification des substances au point de vue de leur diffusibilité.

Comme nous l'avons dit dans l'historique, tous les corps diffusibles ne diffusent pas également. Les uns, comme les hydracides chlorhydrique, bromhydrique, iodhydrique, diffusent avec une très grande rapidité. Il en est de même des chlorures et des sels alcalins. D'autres, au contraire, ont une diffusibilité très faible. Les premiers, ceux qui diffusent très rapidement, ont, en raison de leur facile cristallisation, reçu le nom de *cristalloïdes*. Les autres, au contraire, à cause de leur apparence amorphe et gélatineuse, ont été nommés *colloïdes*.

Parmi les cristalloïdes, on peut ranger presque tous les sels minéraux, chlorures, sulfates, carbonates, azotates, phosphates, etc. On peut y comprendre aussi bon nombre de liquides organiques, qui n'ont pas, il est vrai, la propriété de cristalliser, mais dont la constitution les rattache à des carbures peu condensés, comme l'alcool, l'acide acétique, etc.

Les colloïdes comprennent un certain nombre d'oxydes qui se présentent le plus habituellement à l'état amorphe, ainsi qu'un grand nombre de produits organiques, généralement naturels, qui se reconnaissent à leur apparence gélatineuse, par exemple, les gommes, la gélatine, le mucus; toutes substances qui sont caractérisées chimiquement par leur faible énergie de combinaison et par la propriété qu'elles ont de se laisser gonfler par l'eau. Quelques colloïdes, il est vrai, ne se rapprochent en rien de ces dernières substances : le tannin, par exemple, est une substance soluble dans l'eau qui ne se laisse pas gonfler par ce liquide comme le font les vrais colloïdes.

Les tableaux suivants permettront de se rendre compte de cette classification, et de la manière différente dont se comportent les substances qui appartiennent à ces deux classes. Le sel qui peut servir de type de cristalloïde est le sel marin, et la substance colloïde type est l'albumine. La durée de la diffusion a été de quatorze jours. (Graham.)

ORDRE DES COUCHES.	CHLORURE DE SODIUM.	ALBUMINE.
1	0ᵍ104	»
2	0 129	»
3	0 162	»
4	0 198	»
5	0 267	»
6	0 340	»
7	0 420	»
8	0 535	0ᵍ010
9	0 654	0 015
10	0 766	0 047
11	0 881	0 113
12	0 991	0 343
13	1 090	0 851
14	1 187	1 892
15 et 16	2 266	6 725

Mais la différence n'est pas toujours aussi tranchée. Tous les cristalloïdes n'ont pas une diffusibilité aussi grande que le chlorure de sodium, toutes les substances colloïdes ne sont pas aussi peu diffusibles que l'albumine. Le sulfate de magnésie, par exemple, et le tannin diffusent à peu près de la même manière ; cependant le sulfate de magnésie appartient aux cristalloïdes et le tannin aux colloïdes, d'après Graham.

**Tableau comparatif de la diffusion du tannin
et du sulfate de magnésie.** (Graham.)

ORDRE DES COUCHES.	SULFATE DE MAGNÉSIE.	TANNIN.
1	0^{g}007	0^{g}003
3	0 018	0 004
5	0 049	0 005
7	0 133	0 017
9	0 331	0 069
11	0 730	0 288
13	1 383	1 050
15 et 16	3 684	6 097

Quoiqu'il n'y ait pas concordance absolue, il est, je crois, facile de voir que les deux substances suivent à peu près les mêmes lois.

D'ailleurs, entre l'acide chlorhydrique, substance cristalloïde la plus diffusible, et le sulfate de magnésie il y a tous les intermédiaires possibles; de même entre le tannin et le caramel, substance des moins diffusibles. Les substances diffusibles sont loin de former deux séries absolument distinctes, deux classes nettement déterminées. Ce sont ces considérations qui me font adopter entièrement les idées de Dubrunfaut à ce sujet. La distinction des corps en cristalloïdes et en colloïdes est absolument arbitraire et ne mérite pas d'être conservée. On a peut-être pu la trouver commode pour l'exposition de la dialyse, elle l'est en effet; mais elle fait naître une idée fausse, et, à ce titre, doit être rejetée. Les substances analogues au point de vue chimique et physique à la gélatine pourraient être désignées sous le nom de *matières pectiques,* pour la facilité de leur étude.

Coefficients de diffusibilité.

Les exemples que j'ai cités plus haut suffisent amplement pour démontrer que chaque substance diffuse d'une façon

5

différente. Aussi, n'est-il pas inutile d'étudier le rapport qui existe entre les vitesses de diffusibilité des différentes substances. Ces vitesses peuvent être appelées *coefficients de diffusibilité*. La notion de coefficient suppose la constance du pouvoir diffusif d'un corps; c'est cette constance qu'il faut constater tout d'abord.

La loi qui ressort des travaux de Graham et de Fick est que la diffusion d'un sel se fait toujours de la même façon et avec une égale vitesse, lorsque les conditions sont les mêmes, c'est-à-dire que les températures sont égales, les densités semblables et la durée de l'expérience la même. Alors on constate une concordance merveilleuse entre les nombres que l'on obtient.

Le coefficient de diffusibilité peut être défini : *L'espace qu'une molécule du corps parcourt pendant l'unité de temps.* Ce serait là le coefficient absolu, et il serait assurément fort utile de le connaître; mais il n'est pas facile à déterminer, car le phénomène de la diffusion est très complexe. On n'a étudié que le coefficient relatif, coefficient que l'on peut définir par la durée de la diffusion d'un même poids de matière. Ainsi, l'on prend des poids égaux de chlorure de sodium, de sulfate de magnésie, de sucre, d'albumine, de tannin, de caramel, et on les fait diffuser jusqu'à ce que la diffusion soit complète. On constate que la durée est d'autant plus longue que la diffusibilité est moindre.

Voici un tableau dressé par Graham relativement à la durée de la diffusion :

Acide chlorhydrique	1
Chlorure de sodium	2,33
Sucre	7
Sulfate de magnésie	7
Albumine	40
Caramel	98

Ces nombres représentent l'inverse du coefficient de diffusibilité. Ainsi, la diffusibilité de ces corps pourrait être représentée par les nombres suivants, en prenant pour unité la diffusibilité de l'acide chlorhydrique :

Acide chlorhydrique.........	1
Chlorure de sodium..........	$\frac{1}{1,33}$
Sucre..................	$\frac{1}{7}$
Sulfate de magnésie	$\frac{1}{7}$
Albumine..............	$\frac{1}{10}$
Caramel..............	$\frac{1}{98}$

La détermination de ces coefficients est encore peu avancée, il serait cependant fort important d'en avoir une liste complète. On peut dire néanmoins *que les substances analogues au point de vue chimique se ressemblent beaucoup au point de vue de la diffusibilité.* Ainsi, les chlorures, les sulfates alcalins, les carbonates alcalins ont des pouvoirs diffusifs presque semblables.

Diffusion dans l'eau déjà chargée de sels.

Dans tout ce que nous venons de dire, nous avons supposé que la substance diffusait dans l'eau pure. Les résultats sont un peu différents si la diffusion s'opère vers de l'eau déjà chargée de sel. Deux cas peuvent se présenter :

1° On fait diffuser un sel vers de l'eau déjà chargée de ce sel.

2° On fait diffuser un sel vers de l'eau tenant en dissolution un autre sel.

Dans le premier cas, le phénomène de diffusion ne peut pas se produire lorsque, par exemple, les deux solutions auront même densité. En dehors de cette condition, la diffusion se fait; mais elle se fait d'autant moins rapidement que l'eau contient déjà plus de sel. En un mot, *la diffusion est d'autant plus rapide que la différence de densité est plus grande.*

Dans le second cas, la diffusion s'opère comme dans l'eau pure.

Diffusion d'un mélange de deux sels.

Si nous faisons diffuser ensemble deux sels différents, nous verrons qu'ils sont loin de diffuser chacun comme s'il était seul; la différence de diffusibilité se trouve augmentée. C'est ce qui arrivera si nous faisons diffuser un mélange de cinq grammes de chlorure de sodium et de cinq grammes de chlorure de potassium. La diffusibilité de ce dernier sel étant plus grande que la diffusibilité du chlorure de sodium, il est naturel de penser qu'il diffusera plus rapidement que lui; c'est ce que l'on constate en effet. Mais on voit aussi que le chlorure de sodium, moins diffusible, diffuse moins rapidement mélangé au chlorure de potassium que s'il était seul. Le tableau suivant permet de se rendre compte de ce phénomène. La durée de la diffusion a été de sept jours dans les deux cas. (Graham.)

ORDRE des couches.	CHLORURE DE SODIUM seul.	CHLORURE DE SODIUM avec chlorure de potassium.
2	0ᵍ017	0ᵍ015
4	0 051	0 017
6	0 134	0 063
8	0 318	0 151
10	0 640	0 351
12	1 057	0 559

C'est là un phénomène très curieux, qui jusqu'ici n'a pas été expliqué. J'indiquerai plus loin l'explication que j'ai essayé d'en donner, en me basant sur mes expériences.

Lorsqu'on fait diffuser deux sels différant par leur base et n'ayant pas le même pouvoir diffusif, on constate donc que la différence de la diffusibilité est augmentée. La diffusion de celui qui diffuse le plus lentement est retardée; la diffusion de celui qui diffuse le plus vite est, au contraire, favorisée. Ce fait est encore vrai lorsqu'on prend deux sels différant par leurs acides, quoi qu'en dise Graham. Le fait est surtout manifeste pour le sulfate de soude et le chlorure de sodium.

On peut supposer que si l'on met à diffuser ensemble deux sels différant et par leurs acides et par leurs bases, une sorte de décomposition se produira, de manière à former le sel le plus diffusible. — Dans ce cas, la diffusibilité jouerait le même rôle que la solubilité dans les lois de Bertholet. Mais ce n'est là qu'une vue de l'esprit, aucune expérience n'a été faite pour la vérifier.

On peut utiliser la propriété qu'ont deux sels de diffuser inégalement pour les séparer. Mais ce procédé indiqué par Graham est long et peu pratique. Aussi ne peut-il être employé d'une manière courante dans les laboratoires.

Décomposition produite par la diffusion.

La diffusion n'est pas à proprement parler un phénomène physique; tous les auteurs admettent qu'elle est due à une action chimique. Elle est due en effet à l'affinité que l'eau peut avoir pour les diverses substances solubles. Ce qui le démontre surabondamment, ce sont les décompositions chimiques qui se produisent pendant la diffusion. — Si l'on fait diffuser de l'alun, on constate que le sel se décompose en sulfate de potasse et en sulfate d'alumine, ces deux sels ayant une diffusibilité différente. — Un grand nombre d'autres substances subissent une décomposition analogue. Ainsi l'acétate d'alumine se décompose en acide acétique, acide assez diffusible, et en alumine qui l'est fort peu. La même décomposition se produit avec presque tous les sels métalliques doubles. Quelques sels à acides organiques et à bases peu diffusibles conviennent très bien pour démontrer cette décomposition ; ainsi l'acétate de sesquioxyde de fer, .'acétate d'alumine. C'est là un phénomène analogue à celui qui se produit dans la dialyse de Dubrunfaut,

Action de la température sur la diffusion.

La température a une action très manifeste sur la diffusion. On peut dire d'une manière générale que la *diffusibilité est augmentée par une élévation de température et diminuée par un abaissement.*

La diffusion de l'acide chlorhydrique étant 1 à la température de 15°55, sera de 2,1812 à la température de 48°88 (Graham). Cet accroissement paraît proportionnel à l'élévation de température comme le démontre le tableau suivant emprunté à Graham :

Diffus. de HCl	étant à	15°55	1
—	sera à	26°66	1,3545
—	—	37°77	1,7332
—	—	48°88	2,1812

Il ne paraît pourtant pas qu'il y ait une loi bien déterminée. Ainsi, en comparant les accroissements de température aux accroissements de diffusibilité dans les cas précédents, on obtient le tableau suivant :

ACCROISSEMENTS DE TEMPÉRATURE.	DE DIFFUSIBILITÉ.
11°11	0,3545
11°11	0,4187
11°11	0,4080

Ce tableau montre que la diffusibilité s'accroît plus vite que la température.

A la simple inspection de ce tableau, on voit que la diffusibilité peut augmenter du double pour des augmentations
de température qui ne sont pas très considérables. Ce fait
démontre une fois de plus combien est arbitraire la classification des substances diffusibles en colloïdes et cristalloïdes.
Par une élévation de température de quelques degrés seulement, quelques colloïdes diffusent aussi bien, même mieux
que beaucoup de cristalloïdes à la température ordinaire.
C'est ainsi que le coefficient de diffusibilité du tannin (colloïde)
deviendra plus grand que le coefficient de diffusibilité du
sulfate de magnésie (cristalloïde). — Mais l'élévation de la
température n'agit pas absolument de même sur tous les
sels. Dans certains cas, elle favorise beaucoup la diffusibilité;
dans d'autres cas, elle l'augmente moins.

SUBSTANCES.	Coeff. à 15°5.	Coeff. à 48°88 (Graham).
Acide chlorhydrique........ ...	1	2,1812
Chlorure de potassium..........	1	2,426
Chlorure de sodium	1	2,5151

La diffusibilité du chlorure de sodium est beaucoup plus
augmentée que la diffusibilité du chlorure de potassium, et
de l'acide chlorhydrique. La plupart des autres sels, le plus
grand nombre des autres substances diffusibles donnent le
même résultat. Si l'on remarque quelles sont les substances
dont la diffusibilité est accrue, on constate que ce sont précisément celles dont la diffusion est le moins facile. L'élévation
de la température paraît donc *tendre à égaliser la diffusibilité
des divers sels* en favorisant ceux dont le pouvoir diffusif est
le moindre. Aussi, l'application de la chaleur à la séparation
des sels par la diffusion ne peut-elle être que nuisible.

Donc, en résumé :

1° *L'élévation de la température favorise la diffusion;*

2° *La diffusibilité ne s'accroît pas proportionnellement à l'élévation de la température;*

3° *L'action de la température n'est pas la même sur toutes les substances diffusibles;*

4° *L'élévation de la température tendra à égaliser la diffusibilité des différentes substances.*

Diffusion dans les liquides autres que l'eau.

Jusqu'ici, nous n'avons étudié que la diffusion des substances dans l'eau. Reste maintenant à faire connaître la diffusion dans des liquides différents. Peu d'essais ont été faits relativement à cette question, et c'est à Graham qu'on les doit tous.

On peut admettre comme axiome la loi suivante :

Pour qu'il y ait diffusion d'une substance dans un liquide, il faut que cette substance soit soluble dans ce liquide.

Cette loi n'a pas été énoncée par Graham: mais elle ressort pleinement de ses travaux. Sans doute le savant anglais n'a pas jugé nécessaire de la formuler. Je ne suis pas de son avis; dans une question qui est à l'étude, on ne doit, en effet, rien négliger de ce qui peut contribuer à lui donner un peu de clarté. On doit, à mon avis, faire comme les géomètres, énoncer même les principes qui sont de toute évidence. On marche ainsi logiquement, et on sait mieux où l'on va.

Le premier, je pourrais dire le seul liquide que l'on ait expérimenté en dehors de l'eau, c'est l'alcool.

L'iode, l'acétate de potassium et la résine diffusent dans l'alcool; mais, toutes choses égales d'ailleurs, la diffusibilité dans ce liquide paraît être moins grande que dans l'eau. Ainsi, la diffusibilité de l'acétate de potasse dans l'alcool est analogue à la diffusibilité du sucre dans l'eau; et l'on sait que le sucre diffuse lentement.

On peut aussi faire diffuser des sels dans des substances

dites colloïdales, c'est-à-dire qui présentent un aspect gélatineux.

Ainsi, l'on constate que le sel marin, le chlorure de potassium, le chromate de potasse, etc., etc., diffusent parfaitement à travers les gelées solides. C'est là un fait nettement mis en lumière par Graham. Il paraîtrait que la diffusion suit les mêmes lois que dans l'eau, qu'elle est favorisée par l'élévation de température, et l'analyse d'un mélange de deux sels inégalement diffusibles peut se faire comme dans l'eau. Je crois que c'est un peu trop se hâter de conclure d'un aussi petit nombre d'expériences; il me paraît infiniment probable que la diffusion n'est pas en tout point semblable. Et d'abord, il faut tenir compte des substances qui, diffusant bien dans l'eau, produisent un précipité avec la gélatine, le mucus, etc., etc; elles ne diffuseront évidemment pas dans ces matières pectiques. Comparons la diffusibilité du chlorure de sodium dans l'eau et dans la gélose de Payen. Les deux séries d'expériences de ce tableau ont été faites à la température de 9° ou 10°. (Graham.)

ORDRE DES COUCHES.	DIFFUSION DANS L'EAU.	DIFFUSION DANS LA GÉLOSE.
1	0 013	0 015
3	0 028	0 026
5	0 081	0 082
7	0 211	0 212
9	0 460	0 488
11	0 850	0 998
13	1 317	1 100
15 et 16	3 294	3 450

Les quantités correspondantes paraissent, en somme, plus fortes pour la gélose que pour l'eau; mais l'on voit que ce qui reste dans la dernière couche de gélose est plus considérable que ce qui reste dans la dernière couche d'eau; par conséquent la quantité diffusée est moins grande pour la première que pour la seconde. Du reste, il faut tenir compte de ce fait que la diffusion a duré huit jours pour la gélose et sept seulement pour l'eau. La gélose, d'ailleurs, a été ajoutée à chaud, et, quelque rapidité que l'on ait mise à la refroidir, il peut se faire que cette température élevée ait produit une accélération assez notable dans le fait de la diffusion.

Ce qui démontre encore mieux que la diffusion ne se fait pas également bien dans les gelées solides et dans l'eau, c'est que les substances peu diffusibles dans ce dernier liquide, comme le caramel, paraissent ne pas l'être du tout dans une gelée solide,

De ces faits il résulte :

1° Que *la diffusion ne se fait pas également bien dans tous les liquides;*

2° Que *tantôt elle est plus considérable que pour l'eau, et tantôt plus faible;*

3° Enfin que *l'état liquide n'est pas nécessaire pour la production des phénomènes de diffusion.*

Électricité produite pendant le phénomène de la diffusion.

Je vais maintenant décrire en détail les expériences que j'ai faites pour étudier la production de l'électricité pendant la diffusion. J'ai entrepris ces recherches pour démontrer que le phénomène de l'osmose se rapporte au phénomène de la diffusion. J'avais déjà trouvé, comme je l'indiquerai plus loin, un dégagement assez considérable d'électricité dans l'osmose ; je pensai qu'il devait en être aussi de même pendant la diffusion : c'est ce que l'expérience a pleinement confirmé.

Je n'ai pas pu me servir de galvanomètres dans ce genre de recherches, car ils sont trop peu sensibles. Il aurait fallu

employer des vases très larges et de très grandes quantités
de liquide pour arriver à un résultat tant soit peu net.
Dans le cours de toutes ces recherches, je me suis servi de
l'électromètre capillaire de M. Debrun. Cet appareil jouit
d'une très grande sensibilité; son maniement est facile et
ses indications rapides.

La figure 4 représente les différentes pièces de l'appareil
dont je me suis servi : A est une éprouvette dans laquelle
se trouve de l'eau distillée. Deux lames de platine commu-
niquent, l'une avec les couches les plus inférieures du
liquide, l'autre avec les couches les plus supérieures. Un
tube à entonnoir effilé à son extrémité plonge jusqu'au fond
de l'éprouvette et sert à introduire la solution que l'on veut
expérimenter. B est un commutateur imaginé par M. Debrun
et C est l'électromètre capillaire. Ces différentes pièces com-
muniquent les unes avec les autres par des fils de cuivre
recouverts de soie.

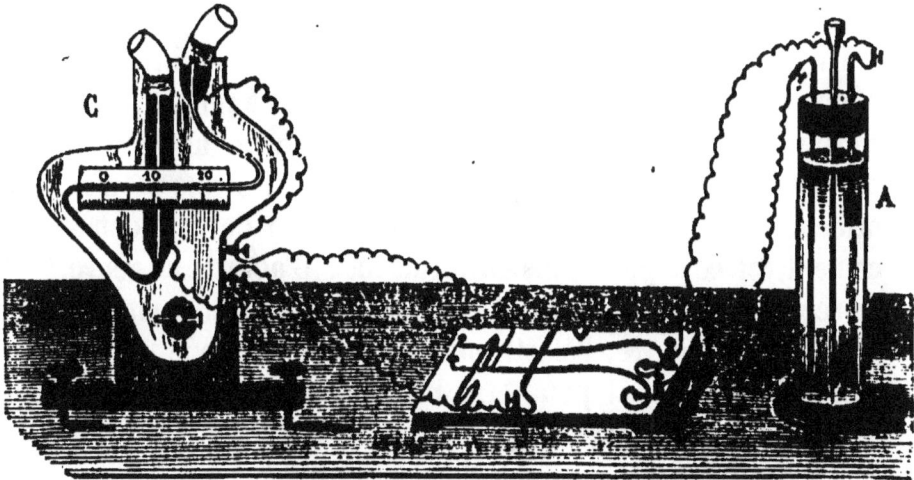

Fig. 4.

Pour faire une expérience je ne me servais que de solutions de sels, et, autant que possible, toutes au même titre.
Pour que la différence de température ne pût pas troubler

le phénomène, j'avais soin de laisser les liquides et l'eau distillée dans la même enceinte pendant au moins vingt-quatre heures. Du reste, la température de la pièce dans laquelle ils se trouvaient ne variait pour ainsi dire pas.

Voici maintenant le mode opératoire que j'ai suivi : Je commençais par introduire 400 centimètres cubes d'eau distillée dans l'éprouvette A et j'attendais que l'équilibre des différentes couches du liquide fût bien établi. Alors je ramenais l'extrémité de la colonne mercurielle à un point fixe qui a été le même pour toutes mes expériences; j'introduisais ensuite par le tube à entonnoir 10 centimètres cubes de la solution du sel; grâce à sa plus grande densité, cette solution formait une couche au fond de l'éprouvette, couche parfaitement distincte de l'eau qui lui surnageait.

Dès que j'introduisais la solution, la colonne mercurielle de l'électromètre était déplacée soit dans un sens soit dans l'autre. J'attendais pour lire le degré auquel la colonne arrivait que le liquide se fût complètement écoulé, de peur que ce déplacement ne fût dû en partie à l'écoulement de la solution par le tube capillaire.

La direction du courant était indiquée par la direction même de la colonne mercurielle; son intensité pouvait être considérée comme à peu près proportionnelle au déplacement du mercure. Cependant, je dois dire que je n'ai attaché que peu d'importance à la mesure de ce déplacement, et cela pour plusieurs raisons : D'abord, le genre de recherches que je faisais ne comportait pas une pareille précision. En outre, l'électromètre capillaire que je possédais n'était pas fait pour être un instrument de mesure. Au moment où je fis ces expériences, M. Debrun n'avait pas encore donné à son appareil la disposition qu'il a aujourd'hui, disposition qui rend ses indications extrêmement précises.

Les dissolutions étaient toutes concentrées, excepté quelques-unes, comme le perchlorure de fer et le chlorure de baryum. J'indiquerai, du reste, au fur et à mesure, celles qui ne l'étaient pas.

Lorsque le courant, dans l'intérieur de l'éprouvette, va du sel vers l'eau, je dis que le courant est *positif;* lorsqu'il va en sens inverse, il est *négatif.* Ce sont là des dénominations absolument arbitraires; elles ne servent qu'à faciliter la mise en tableau.

SUBSTANCES.	COURANT.
Cyanure de potassium	— 31
Chlorure de potassium..........	— 4
Chlorure de sodium	— 3
Bromure de potassium	— 5,5
Chlorure d'ammonium..........	— 8
Perchlorure de fer.............	— 15
Chlorure de zinc...............	+ 15
Azotate de sodium.............	— 12
Azotate d'ammonium	— 10
Azotate de plomb.............	— 5
Azotate de cuivre	— 10
Sulfate de sodium.............	+ 1
Sulfate de magnésium..........	— 5
Sulfate d'ammonium...........	+ 4
Chlorure de calcium	+ 8

Ces chiffres représentent le nombre de divisions de l'échelle parcourues par la colonne mercurielle, dans ce cas, les divisions sont égales à 1 millimètre; elles pourraient, du reste, sans inconvénient, avoir une longueur quelconque, pourvu qu'elles fussent toutes égales.

Ce qui ressort tout d'abord de ce tableau, c'est qu'il y a toujours *production d'électricité dans le phénomène de la diffusion.* C'est là, du reste, un fait qui ne doit pas étonner. Becquerel a, en effet, démontré que dans toute réaction chimique il y a production d'électricité. Or, la dissolution d'un sel dans l'eau ou la dilution d'une solution représentent très certainement des phénomènes d'ordre chimique. Mais ce n'est point là, je crois, la véritable raison de ce dégagement d'électricité. Nous avons deux liquides hétérogènes en contact l'un avec l'autre, et au point de contact il y a un effet thermique produit; en vertu du principe des courants thermo-électriques, il doit y avoir production d'électricité. C'est absolument le cas d'une pince thermoélectrique, c'est l'expérience de Seebeck dans laquelle les deux métaux différents sont représentés par deux liquides de nature différente, au contact desquels il y a échauffement ou refroidissement. — Pour moi, le courant électrique est uniquement dû à l'effet thermique. Cet effet thermique, d'ailleurs, n'est pas douteux; car l'on sait que la dissolution d'un sel ou la dilution de sa solution se fait tantôt avec dégagement, tantôt avec absorption de chaleur, c'est là un fait absolument certain.

En comparant le sens du courant à l'effet thermique produit par la dilution d'un sel, on arrive à ce résultat intéressant *que le sens du courant change avec l'effet thermique produit*. Ainsi les substances qui dégagent de la chaleur en se dissolvant, donnent un courant de sens contraire à celui donné par les sels qui absorbent de la chaleur.

Dans le tableau suivant, j'ai mis la chaleur de dissolution des sels en regard du courant produit; on pourra ainsi facilement se rendre compte de ce que j'avance. La chaleur de dissolution est prise à partir de l'état solide jusqu'à solution complète dans 200 centimètres cubes d'eau environ.

Il est vrai que mes expériences ne sont pas comparables, puisque je pars de l'état dissous; mais les dissolutions que j'emploie sont très concentrées, par conséquent le sel n'a pas encore produit tout l'effet thermique qu'il peut produire pour venir à l'état de sel dissous dans 200 centimètres cubes.

SUBSTANCES.	COURANTS.	CHALEURS DE DISSOLUTION
Cyanure de potassium	— 31	— 2,0
Chlorure de potassium	— 4	— 4,2

SUBSTANCES.	COURANTS.	CHALEURS DE DISSOLUTION.
Chlorure de sodium	— 3	— 1,1
Bromure de potassium	— 5,5	— 5,3
Chlorure d'ammonium	— 8	— 4
Perchlorure de fer	— 15	+ 31,7
Chlorure de zinc	+ 15	+ 7,8
Azotate de sodium	— 12	— 4,7
Azotate d'ammonium	— 10	— 6,2
Azotate de plomb	— 5	— 4,1
Azotate de cuivre	— 10	— 5,4
Sulfate de sodium..........	+ 1	+ 0,4
Sulfate de magnésium	— 5	— 2
Chlorure de calcium........	+ 8	+ 9,4

Une seule substance paraît faire exception; c'est le perchlorure de fer. Malgré le dégagement considérable de chaleur pendant la solution de ce corps dans l'eau, le courant est négatif. C'est un résultat qui était prévu : la solution de perchlorure de fer employée était fort étendue, et l'on sait que les effets thermiques peuvent varier avec le degré de dilution. C'est probablement ce qui a eu lieu dans ce cas.

Donc, lorsqu'il y a *production* de chaleur, il y a production d'un *courant dirigé du sel vers l'eau*; lorsque, au contraire, il y a *absorption* de chaleur, le *courant va en sens contraire, c'est-à-dire de l'eau vers le sel*.

L'effet thermique permet de se rendre compte, jusqu'à un certain point, de la particularité que présente la diffusion d'un mélange de deux sels. Lorsqu'on fait diffuser un mélange de sulfate de soude et de chlorure de sodium, la diffusion de ce dernier sel est plus grande qu'elle ne devrait l'être, et voici pourquoi : la diffusion du chlorure de sodium se fait avec absorption de chaleur, celle du sulfate de soude en dégage, au contraire; la chaleur dégagée dans ce dernier cas favorisera la diffusion du chlorure de sodium; la diffusion du sulfate de soude, au contraire, sera diminuée par le refroidissement produit par la diffusion du sel marin.

De même le chlorure de potassium, mélangé à du chlorure de sodium, diffuse plus rapidement que s'il est seul : la diffusion du chlorure de sodium absorbe moins de chaleur que la diffusion du chlorure de potassium. Si, donc, l'on fait diffuser un mélange de ces deux sels, le sel de potassium sera moins refroidi que s'il diffusait seul. C'est absolument comme s'il recevait de la chaleur, et sa diffusion sera favorisée. Le sel de sodium, au contraire, en diffusant avec le sel de potassium sera plus refroidi que s'il diffusait seul, et, par conséquent, sa diffusion sera diminuée.

Tels sont les principaux faits acquis sur la diffusion. Pour comprendre ce phénomène, il faut admettre que l'attraction de deux molécules hétérogènes est plus grande que la moyenne des attractions des molécules semblables, les unes pour les autres. Ainsi, soit F l'attraction de deux molécules hétérogènes, l'une eau, l'autre chlorure de sodium; soient F' l'attraction de deux molécules d'eau, F_1' l'attraction de deux molécules de chlorure de sodium : pour que la diffusion se produise, on doit avoir

$$F > \frac{F' + F_1'}{2}$$

Si la force devient égale à la moyenne arithmétique des forces d'attraction F', F_1', alors il n'y aura plus diffusion ; c'est le cas des substances qui ne sont pas miscibles, comme l'eau et l'huile.

En résumé, le phénomène de la diffusion peut être considéré comme *une conséquence* de la *miscibilité*. Si deux substances, en effet, sont solubles l'une dans l'autre, il y aura attraction prédominante des molécules hétérogènes et par conséquent il y aura diffusion. Les rapports de la miscibilité ou de la solubilité et de la diffusion sont intimes. On ne peut pas dire, il est vrai, que la diffusibilité est en raison directe de la solubilité; le sulfate de soude, par exemple, quoique béaucoup plus soluble que les chlorures de sodium et de potassium, possède cependant une moins grande diffusibilité. Cela peut tenir à une foule de conditions encore mal connues, comme au poids des molécules à leur volume relatif, etc. C'est, je le répète, un phénomène complexe qui, encore, a besoin d'être beaucoup étudié.

CHAPITRE II

—

IMBIBITION DES MEMBRANES PAR DES LIQUIDES
OU PAR DES SUBSTANCES DISSOUTES

—

Si nous plongeons dans l'eau ordinaire un fragment de vessie de bœuf préalablement bien desséché, nous le verrons se gonfler; de dur, de cassant qu'il était, devenir mou et flexible, d'opaque il deviendra transparent, en un mot nous le verrons changer de propriétés physiques, et cela en quelques instants. Un fragment de caoutchouc agit de la même façon quand on le plonge dans l'alcool ou le sulfure de carbone: dans le sulfure de carbone pur particulièrement, il se gonflera, deviendra translucide et perdra en grande partie son élasticité.

Si la membrane n'a pas été primitivement desséchée, il se produira des phénomènes variés suivant les liquides dans lesquels on la plongera.

Cependant toutes les membranes ne changent pas aussi complètement de propriétés : certaines se gonflent à peine et, humides ou sèches, conservent toujours la même apparence. Alors on observera de légères modifications, soit dans le poids, soit dans le volume, soit dans l'élasticité, etc., etc.

Cette absorption des liquides par certaines membranes porte le nom d'*imbibition*. L'imbibition est donc *le pouvoir qu'ont les liquides de pénétrer dans l'intérieur des membranes, de faire corps avec elles et d'en changer, en totalité ou en partie, les propriétés.*

Membranes préalablement desséchées.

Nous allons exposer tout d'abord les faits relatifs aux membranes desséchées. Le procédé qu'il convient d'employer pour étudier l'imbibition consiste à plonger un poids déterminé de membrane bien desséchée dans le liquide dont on veut étudier le pouvoir d'imbibition; on l'y laisse pendant un certain temps, puis on la retire, on éponge sa surface avec du papier Joseph et on la pèse de nouveau. L'augmentation de poids donne la quantité de liquide absorbé.

La dessiccation des membranes a été faite sur l'acide sulfurique; je les y laissais jusqu'à ce que leur poids ne variât plus, ce qui demandait en général plusieurs jours; la durée de la dessiccation n'est évidemment pas la même pour toutes les membranes. Le parchemin végétal se dessèche en deux ou trois jours; la vessie ou le parchemin animal demandent en général plusieurs jours pour que leur dessiccation soit complète.

Les membranes furent toujours plongées dans un grand excès de liquide et y restèrent tantôt un temps assez long (plusieurs jours), tantôt un temps beaucoup plus court (quelques minutes seulement).

Elles étaient ensuite épongées avec soin entre des doubles de papier Joseph. J'avais bien soin de ne pas trop comprimer de peur que la pression ne fît sortir un peu de liquide absorbé. Ce procédé, qui paraît très imparfait, jouit cependant d'une précision assez grande. J'en donne comme exemple les chiffres suivants, chiffres obtenus en pesant les

membranes à des intervalles assez rapprochés et en les
replongeant chaque fois dans l'eau distillée.

DURÉE de l'immersion.	MEMBRANE n° 1.	MEMBRANE n° 3.	MEMBRANE n° 1.
Après 48 h....	0ᵍ114	0ᵍ094	0ᵍ123
— 49 h....	0 114	0 094	0 125
— 50 h....	0 114	0 094	0 125
— 72 h....	0 114	0 094	0 125

C'est donc un procédé assez précis, pourvu toutefois qu'on
soit très exercé à son emploi. Il faut en effet éponger avec la
même force et pendant le même temps pour que les résultats
soient concordants. Aussi faut-il que ce soit toujours le
même expérimentateur qui fasse ces pesées. Un fait que l'on
constate tout d'abord et qui peut être énoncé sous forme
de loi est la différence que présentent les membranes de
diverse nature au point de vue de l'imbibition. Ainsi :

100 grammes du cartilage de l'oreille absorbent	231	cc. d'eau.
100	—	de tendon..................	178	—
100	—	ligament jaune..............	148	—
100	—	tissu corné	461	—
100	—	ligament cartilagineux	319	—
100	—	fibrine.....................	301	—

Ces nombres trouvés par Chevreul sont analogues à ceux
trouvés par Liebig et par moi-même.

D'après Liebig :

100 grammes de vessie de bœuf absorbent....	310	cc. d'eau.
100	—	de vessie de porc	350	—

J'ai expérimenté sur le parchemin végétal, le parchemin
animal, la membrane de la coque de l'œuf, le caoutchouc
et j'ai obtenu les résultats suivants :

100 grammes parchemin végétal ont absorbé....	50ᵍ1	d'eau.
100	—	parchemin animal (peau de mouton)	161 0	—
100	—	membrane de la coque..........	186 0	—
100	—	caoutchouc.................	0 0	—

Pour que tous ces chiffres fussent absolument comparables, il serait nécessaire que la durée de l'immersion ait été la même pour toutes les membranes. Chevreul et Liebig l'ont fait durer 24 heures; dans mes expériences je laissais les membranes dans l'eau jusqu'à ce que l'absorption cessât de se produire, résultat qui d'ordinaire était atteint avant les 24 heures.

Si le pouvoir absorbant varie avec la nature de la membrane, *l'absorption, pour une même membrane, varie aussi avec les différents liquides*, c'est-à-dire que le pouvoir d'imbibition des divers liquides n'est pas le même.

Liebig avait déjà démontré que l'imbibition par les solutions salées est moindre que par l'eau pure, plus grande par cette dernière que par l'alcool; j'emprunte le tableau suivant à son mémoire :

	100 gr. vessie de bœuf.	100 gr. vessie de porc.
Eau distillée.....................	310	356
Mélange de $\frac{1}{3}$ d'eau et $\frac{2}{3}$ de NaCl....	210	159
— $\frac{1}{2}$ — $\frac{1}{2}$ — ...	235	»
— $\frac{2}{3}$ — $\frac{1}{3}$ — ...	288	»
— $\frac{1}{2}$ — $\frac{1}{2}$ alcool	60	»
— $\frac{1}{3}$ — $\frac{1}{3}$ —	181	»
— $\frac{3}{4}$ — $\frac{1}{4}$ —	200	»

C'est là un fait fort intéressant : l'imbibition par une solution d'alcool est d'autant plus grande que la quantité d'alcool est plus faible, de même pour la solution de chlorure de sodium.

Le fait de l'imbibition ne dépend évidemment pas de la densité. Liebig l'a rattaché à la perméabilité. Mais, qu'est-ce que la perméabilité?

Coefficients d'imbibition.

Tous ces phénomènes m'ont conduit à la détermination des *coefficients d'imbibition* des différents liquides pour les

différentes membranes. Mais avant de faire cette détermination, j'ai voulu savoir si le pouvoir d'imbibition d'une
membrane par un même liquide était constant pour une
température donnée.

C'est pour cela que j'ai pris les mesures consignées dans
le tableau suivant :

Imbibition du parchemin végétal par l'eau distillée.

ÉPOQUE de la pesée.		POIDS de la membrane.	POIDS de la membrane.	POIDS de la membrane.
Début de l'exp.	7ʰ ½	0 118	0 112	0 118
1ʳᵉ	8 ½	0 105	0 180	0 108
2°	9	0 108	0 188	0 108
3°	3 ½	0 107	0 188	0 108

J'ai pris ces trois fragments de papier parchemin dans la
même feuille, je les ai laissés le même nombre d'heures sur
l'acide sulfurique et j'ai commencé l'expérience au même
moment. Pour que chaque fragment restât le même temps
en contact avec l'eau, j'avais soin de faire les pesées dans
l'ordre de mise des membranes dans le liquide. Du reste,
toutes ces pesées ne m'ont pris qu'un temps très court, qui
pourrait être négligé vu la durée des expériences.

Ces chiffres, il est vrai, ne sont pas concordants. La
membrane du n° 3 paraît avoir atteint dès le début son
maximum d'imbibition; le n° 2 et le n° 1 ne l'ont atteint
que demi-heure après; c'est un fait que je n'ai pu expliquer.
Quoi qu'il en soit, les chiffres établissent d'une manière bien
nette que le parchemin végétal s'imbibe jusqu'à un certain
degré; mais, ce degré atteint, il n'absorbe plus d'eau.

Des résultats analogues ont été observés avec le parchemin
animal, la membrane de la coque, etc., et non seulement
pour l'eau, mais aussi pour d'autres liquides.

Ainsi, pour le parchemin animal et le parchemin végétal, j'ai obtenu les résultats suivants, en me servant, comme liquide, d'une solution au dixième de carbonate de soude :

	PARCHEMIN AN.	PARCHEMIN VÉGÉT.
Poids sec............	0 440	0 228
Poids humide :		
Après 2 h. d'imbibition.	0 985	0 340
— 3 ¼ —	. 0 995	0 340
— 4 ¼ —	. 1 000	0 340
— 5 ¼ —	. 0 999	0 340

On peut considérer ces derniers chiffres comme constants. Ceux qui correspondent au parchemin animal ne le sont pas complètement; cela tient à ce que cette membrane s'épaissit beaucoup par l'imbibition et qu'il est bien difficile, par la pression que l'on est obligé d'exercer pour éponger la surface, de ne pas faire sortir une partie du liquide absorbé.

Ces nombres, et bien d'autres que je pourrais citer, suffisent amplement, je crois, pour démontrer que le pouvoir d'imbibition d'un liquide pour une membrane est susceptible d'un maximum, maximum qui restera le même tant que les conditions extérieures ne varieront pas.

Ce maximum, rapporté à 100 grammes de membrane, représente précisément le coefficient d'imbibition de la membrane par le liquide.

C'est à la détermination de ces coefficients que j'ai apporté tous mes soins. J'ai suivi la méthode que j'ai exposée précédemment; et, je l'ai démontré, cette méthode est susceptible d'une assez grande précision.

Voyons maintenant les résultats que j'ai obtenus.

Tout d'abord, j'ai confirmé, en partie du moins, la proposition de J. Liebig, que le *pouvoir d'imbibition est moins considérable pour les dissolutions que pour l'eau.* C'est là, je le répète, un fait qui est vrai en général. Cependant, il y a des exceptions assez nombreuses, je les citerai dans un moment.

Il faut avoir bien soin, durant toutes ces expériences, de se servir de membranes prises dans la même feuille, et encore faut-il bien être sûr de son homogénéité. Sans cette précaution, toutes les mesures prises pèchent par la base. Ainsi, une feuille de papier parchemin avait un coefficient d'absorption pour l'eau égal à 59,1; une autre feuille a présenté pour coefficient 51. On le voit, la différence entre ces deux nombres est considérable. Aussi je choisissais parmi toutes les feuilles celles qui me paraissaient les plus homogènes, et je déterminais le coefficient d'absorption pour l'eau de plusieurs fragments d'une même feuille pris en divers points assez éloignés les uns des autres. Si ces nombres concordaient à peu près, je considérais la feuille comme homogène, sinon je la rejetais. Il est assez facile de trouver des feuilles de papier parchemin qui soient homogènes, mais il n'en est pas ainsi pour le parchemin animal et pour les autres membranes. Cependant j'ai été assez heureux pour en trouver une ou deux.

Le parchemin végétal présente en général un pouvoir absorbant plus grand pour l'eau que pour les diverses solutions employées. L'une d'elles cependant a eu constamment un pouvoir d'imbibition plus grand que celui de l'eau. Du reste, voici les coefficients obtenus avec la même feuille de papier :

SUBSTANCES.		COEFFICIENTS D'IMBIBITION.
Eau..		59,1
Solution de carbonate de soude au $\frac{1}{10}$........		53,1
— — $\frac{1}{5}$........		49,1
— d'acide sulfurique au $\frac{1}{10}$........		56,0
— de chlorure de sodium au $\frac{1}{10}$........		45,9
— d'acide citrique au $\frac{1}{10}$........		59,4
Alcool à 85°...............................		3,5

Les résultats obtenus avec le perchemin animal sont encore plus intéressants. Le pouvoir d'imbibition des acides pour cette membrane est beaucoup plus considérable que celui de l'eau.

SUBSTANCES.	COEFFICIENTS D'IMBIBITION.
Eau..................................	101,0
Solution de carbonate de soude au $\frac{1}{10}$........	119,3
— d'acide sulfurique au $\frac{1}{10}$........	172,0
— d'acide citrique au $\frac{1}{10}$........	560,0
Alcool à 85°........	18,8

Le pouvoir d'imbibition de l'acide citrique pour le parchemin animal est énorme. En effet, lorsque l'on vient à plonger un fragment de cette membrane dans la solution citrique, on le voit immédiatement se gonfler d'une manière considérable et quintupler d'épaisseur.

L'action des acides sur ces membranes paraissant particulièrement intéressante, je l'ai étudiée avec beaucoup de soin.

J'ai fait des solutions d'acide sulfurique à divers titres, et j'ai étudié le pouvoir d'imbibition de chacune de ces solutions pour le parchemin : j'ai vu que le coefficient était tantôt plus grand tantôt plus faible que celui de l'eau : — plus grand, lorsque la proportion d'acide était inférieure à 12 p. 100; plus faible, lorsque la proportion était supérieure. — J'ai obtenu un résultat analogue avec la solution d'acide tartrique, d'acide oxalique et d'acide citrique. Le *terme moyen* était atteint pour l'acide tartrique lorsque sa proportion était 9 p. 100, 7,5 p. 100 pour l'acide oxalique et 8 p. 100 pour l'acide citrique. Je dois dire que ces résultats ont beaucoup varié avec les parchemins employés. Aussi je ne les donne que sous toute réserve. Avec le parchemin animal, mêmes résultats et mêmes restrictions. Cependant, vu la constance des faits que j'ai observés, je crois pouvoir dire qu'il existe pour l'imbibition un *terme moyen* analogue au *terme moyen* de Dutrochet pour l'osmose de ces mêmes acides.

J'ai aussi expérimenté sur la baudruche. Les résultats obtenus concordent dans leur ensemble avec les précédents. Je ne donne pas de chiffres parce que je ne suis certain d'aucun; et voici pourquoi : la baudruche était extrêmement mince, et, lorsque je voulais l'éponger, elle se repliait sur elle-même par un effet de tension superficielle, ce qui m'empêchait d'enlever complètement l'eau ou le liquide qui mouillait les faces de la membrane. C'est là ce qui me fait douter de mes chiffres. Cependant, l'erreur ainsi commise ne pouvait être très considérable; aussi, les résultats que j'ai obtenus avec les acides me paraissent-ils admissibles. En représentant par 1 le pouvoir d'imbibition de l'eau, j'ai trouvé que celui de l'acide sulfurique à 10 p. 100 doit être représenté par 7,5, celui de l'acide oxalique par 6,0, celui d'une solution salée par 1,2. Il me semble que cette différence énorme qui existe entre les acides et l'eau ne peut pas être attribuée tout entière au manque de précision de l'expérience; au contraire, la différence trouvée entre le coefficient de l'eau et celui de la solution salée peut très bien dépendre de la cause d'erreur que je viens de signaler.

J'ai ensuite comparé le pouvoir absorbant du caoutchouc pour l'eau, l'alcool et le sulfure de carbone : le coefficient d'imbibition de l'eau est nul, celui de l'alcool absolu est égal à 0,19 et celui du sulfure de carbone est un nombre certainement supérieur à 100. Je dis *certainement,* car, aussi rapidement que l'on pèse la membrane imbibée de sulfure de carbone, il s'évapore une grande quantité de ce liquide.

Mes recherches ont aussi porté sur la membrane de la coque de l'œuf, dont les propriétés osmotiques ont été si bien étudiées par M. Gayon. J'ai voulu voir si le pouvoir d'imbibition était le même pour les deux faces; j'ai constaté que le coefficient d'imbibition de l'eau pour cette membrane est 53,5, lorsque le liquide est en contact avec la face interne; et 139,1 lorsque le liquide est en contact avec la face externe. — Le coefficient de l'eau sucrée à 10 p. 100 n'est pas non plus le même suivant que la solution est en contact avec l'une ou l'autre des deux faces. Si elle est en contact avec la face interne, le coefficient est 49,0, si c'est avec la face externe, le coefficient est 53,2.

Je n'ai pas étendu ces recherches à d'autres liquides, car il est fort difficile d'obtenir des membranes de la coque convenablement préparées pour cette expérience. Il est rare, en effet, de pouvoir enlever sur une certaine étendue les deux feuillets qui la constituent; aussi trouve-t-on très souvent que le coefficient d'imbibition est le même pour les deux faces.

Ces résultats sont fort importants au point de vue de l'osmose, et c'est pour cela que je leur ai donné un aussi long développement.

Ces expériences n'ont peut-être pas été assez variées; mais on ne s'imagine pas le nombre d'essais infructueux que j'ai dû faire avant d'arriver à des résultats certains, étant donnée la grande difficulté de trouver des membranes bien homogènes dans toute leur étendue.

Quoi qu'il en soit, je crois, vu la constance des rapports des chiffres obtenus, qu'on doit considérer les résultats comme certains; du reste, les coefficients que j'ai indiqués ne sont pas applicables à des membranes différentes de celles que j'ai étudiées. Si l'on veut répéter ces expériences, il est absolument nécessaire de reprendre chacun de ces coefficients. Aussi leurs valeurs relatives présentent-elles seules un intérêt réel.

Je n'ai pas étudié d'une manière approfondie l'action de la température sur le phénomène d'imbibition; cependant, les quelques mesures que j'ai prises me permettent d'affirmer que, pour l'eau du moins, l'imbibition est favorisée par une élévation de la température.

Membranes humides ou déjà imbibées d'un sel.

Les membranes déjà humides plongées dans l'eau se comporteront différemment suivant leur degré de saturation. Si elles sont saturées, elles ne se laisseront pas imbiber davantage; dans le cas contraire, elles absorberont de l'eau jusqu'à complète saturation.

Si on plonge une membrane saturée d'eau dans une dissolution salée, on constate une diminution dans la quantité d'eau absorbée. Ce fait se comprend aisément : une partie du sel diffuse dans l'eau d'imbibition et produit ainsi une dissolution saline dans l'intérieur de la membrane; or, cette dissolution ayant un coefficient d'imbibition moins grand que celui de l'eau, une certaine quantité de la solution sortira de la membrane. C'est le même phénomène qui se passe dans l'expérience de Liebig : Si l'on saupoudre de sel marin la surface d'une membrane saturée d'eau, on voit le liquide suinter et s'écouler.

Un phénomène inverse se produit si l'on met dans l'eau pure une membrane imbibée d'alcool.

Si après avoir plongé une membrane dans une dissolution salée on la dessèche, on constate qu'elle retient une certaine quantité de sel. Mise dans l'eau pure, son pouvoir absorbant pour ce liquide n'est plus le même; il est moins considérable que si elle ne contenait pas de sel. Le coefficient d'imbibition est intermédiaire entre celui de l'eau pure et celui de la solution primitivement employée. Ainsi, une solution de chlorure de sodium à 10 p. 100 a pour le papier parchemin un coefficient égal à 45,9; le coefficient de l'eau est 59,1. Saturons ce papier avec la solution au $\frac{1}{10}$ de NaCl; après dessiccation, le coefficient d'imbibition de l'eau pure n'est plus que de 57,2. C'est un fait qui s'explique très facilement par la formation d'une solution moins

absorbable que l'eau pure, mais plus absorbable que la
solution de chlorure de sodium au $\frac{1}{10}$.

Analogie du phénomène de l'imbibition et de celui de l'hydratation des sels.

Les faits précédents semblent établir une certaine analogie
entre l'imbibition des membranes par l'eau et l'hydratation
des sels. — Si l'on met un fragment de sulfate de cuivre
dans l'alcool absolu, peu à peu il deviendra blanc par suite
de la déshydratation que lui fait éprouver ce liquide; nous
savons qu'un fait analogue se passe avec une membrane
imbibée d'eau.

Une des meilleures raisons pour admettre l'analogie de
ces deux phénomènes est la constance dans la quantité
d'eau que les corps cristallisés et la membrane peuvent
absorber. Il est, en effet, parfaitement démontré qu'un sel
anhydre placé dans l'eau s'hydrate jusqu'à un certain point,
à partir duquel l'hydratation cesse; je crois avoir démontré
qu'il en est de même avec les membranes. Les sels hydratés
s'effleurissent dans le vide, la membrane perd aussi de
l'eau dans ces conditions, elle s'*effleurit* absolument par le
même mécanisme.

La température agit de la même manière sur l'hydratation des sels cristallisés et sur celle des membranes.

Ces rapprochements me permettent d'assimiler l'imbibition à un phénomène chimique, phénomène qui doit,
comme toutes les actions chimiques, produire un effet
thermique; je ne l'ai pas constaté, mais je me propose
d'entreprendre une série d'expériences à ce sujet.

Causes de l'imbibition.

On peut rattacher l'imbibition des membranes par les
liquides à deux ordres de causes : 1° l'hydratation des

matières dites colloïdales, 2° la capillarité. — Évidemment ces deux causes ne sont pas égales; dans certains cas, il est impossible d'admettre de véritables capillaires, à moins que l'on ne regarde comme tels les espaces intermoléculaires; dans d'autres, au contraire, il n'existe pas de matières colloïdales dans la membrane.

Le phénomène d'imbibition proprement dit doit être dû uniquement à l'hydratation des matières pectiques. — La capillarité, en effet, n'introduira dans la membrane qu'une quantité de liquide précisément égale à la quantité nécessaire pour remplir les canaux capillaires, mais elle ne pourra jamais produire la turgescence de la membrane. — Que le liquide imbibant soit de l'eau ou bien une solution de sel ou d'acide assez étendu, l'imbibition devrait être égale dans tous les cas, car, Graham l'a démontré, l'ascension dans les tubes capillaires est à peu près la même pour ces liquides.

Les membranes qui sont formées par des fibres qui ne peuvent pas s'imbiber ou ne le peuvent que fort peu, le papier parchemin, par exemple, présentent peu de différence dans les divers coefficients d'imbibition. Si nous pouvions avoir une membrane absolument constituée par des canaux capillaires, l'imbibition aurait alors à peu près la même valeur pour tous les liquides employés.

Les membranes au contraire qui se laissent gonfler, comme le parchemin animal, sont constituées par une substance analogue à l'albumine qui s'hydrate facilement. Dans ce cas les coefficients d'imbibition seront très différents, c'est ce que l'on constate avec cette membrane.

Une membrane type serait une membrane qui ne se laisserait imbiber que par hydratation. Il n'y a que les membranes formées par la gélatine ou l'albumine qui jouissent de cette propriété et il est très difficile de les obtenir sur une certaine étendue.

D'autres expériences seraient nécessaires pour juger cette question : il faudrait se servir pour cela de membranes ne présentant pas de canaux capillaires.

D'après cette manière de voir, l'imbibition par l'eau et les liquides ne serait qu'un simple phénomène d'hydratation, et l'imbibition par les substances solides en solution un phénomène analogue à la diffusion des sels dans la gélose.

Ce n'est là, je le reconnais, qu'une vue théorique, mais elle est, je crois, admissible. Dans tous les cas, elle me servira plus loin à expliquer une partie des phénomènes osmotiques.

Donc en résumé :

1° *Un même liquide n'a pas le même pouvoir d'imbibition pour les diverses membranes.*

2° *Une même membrane n'est pas également imbibée par les divers liquides.*

3° *Les solutions salines sont en général d'autant plus facilement absorbées qu'elles sont moins riches en sels.*

4° *Les acides présentent un terme moyen analogue au terme moyen relatif à leur osmose.*

5° *L'imbibition modifie le pouvoir absorbant des membranes.*

CHAPITRE III

—

OSMOSE AVEC MEMBRANE MOUILLÉE PAR UN SEUL LIQUIDE

— -

Pour que le phénomène d'osmose puisse se produire, il faut deux liquides différents, séparés l'un de l'autre par une membrane. Trois cas peuvent se présenter : 1° La membrane n'est mouillée par aucun des deux liquides; et alors l'osmose n'a pas lieu. — 2° La membrane n'est mouillée que par un seul liquide; c'est le cas que nous allons étudier. — 3° La membrane est mouillée par les deux liquides; ce sera le sujet du chapitre quatrième.

L'osmose, dans le cas d'une membrane mouillée par un seul liquide, diffère suffisamment de l'osmose dans le cas où elle est mouillée par les deux liquides, pour que la séparation de ces deux ordres de faits soit légitime. Plus simple que l'osmose proprement dite, elle nous permettra de mieux faire ressortir l'influence de la diffusion sur le phénomène endosmotique en général.

Dans ces expériences, en effet, tout ou presque tout peut s'expliquer par la diffusion : là, point de canaux capillaires, point d'action chimique, point de production anormale d'électricité; ce sont trois liquides en contact, superposés avec soin par ordre de densité, n'ayant les uns sur les autres aucune action chimique énergique. Aussi, ces faits nous permettront-ils de combattre les théories de Dutrochet, de Poisson, de Lhermite, de Brücke, de Liebig et de Graham lui-même. Ces expériences ont d'autant plus d'intérêt qu'elles représentent, pour ainsi dire, le schéma des phénomènes de l'osmose : l'action osmotique y est débarrassée de toute autre force qui pourrait en altérer plus ou moins la nature, et, par conséquent, les résultats obtenus sont-ils plus certains et plus nets.

Si nous superposons dans une éprouvette à pied et par ordre de densité de l'eau, de l'huile de ricin et de l'alcool à 45°, nous verrons tout d'abord la séparation de ces trois couches liquides très nettement indiquée, l'huile étant absolument insoluble dans l'eau et l'alcool ayant été déposé à la surface de l'huile avec beaucoup de soin. — Mais nous ne tarderons pas à constater que la séparation de l'huile et de l'alcool est de moins en moins évidente, et nous verrons en même temps la couche d'huile s'élever de plus en plus dans l'éprouvette. Cette expérience demande un temps assez long pour se produire, deux ou trois jours au moins.

Telle est l'expérience fondamentale de Lhermite; mais on peut la répéter de bien des manières, soit, comme le fait ce savant, en interposant de l'essence de citron ou de térébenthine entre l'alcool et l'eau, de l'eau entre l'éther et de l'essence de girofle; soit, comme je l'ai fait moi-même, en séparant de l'eau et de l'alcool par de l'essence de fenouil, de la benzine.

Dans toutes ces expériences, on voit le *liquide membrane* s'élever peu à peu, et atteindre une hauteur de quelques millimètres en plusieurs jours. On ne saurait expliquer autrement ce phénomène qu'en admettant une augmentation de volume du liquide inférieur, et cette augmentation ne peut être due qu'au passage du liquide supérieur à travers le liquide intermédiaire. Si ce dernier était immobile, et si le liquide inférieur était muni d'un manomètre, on y verrait

7

très certainement la pression augmenter. On peut réaliser cette expérience de la manière suivante : on imbibe un vase en terre poreuse avec de l'huile de ricin, on le remplit d'eau et on le bouche avec un tube fin. Si l'on plonge l'appareil ainsi monté dans de l'alcool, on verra peu à peu le niveau s'élever dans l'intérieur du vase. C'est donc là un phénomène d'endosmose absolument semblable à ceux qu'observa Dutrochet.

Deux conditions sont absolument indispensables pour la production du phénomène découvert par Lhermite :

1° *Les deux liquides séparés doivent être miscibles l'un dans l'autre.*

Si l'on sépare de l'eau et de l'éther par de l'huile de ricin, de la benzine, de l'essence de fenouil, on ne constatera pas le moindre déplacement de la membrane liquide. C'est que l'éther n'est pas miscible à l'eau. — Cette loi, qu'on le remarque, est analogue à la première loi de la diffusion.

2° *L'un des liquides doit être miscible au liquide qui constitue la membrane.*

Ainsi, on ne pourra faire osmoser de l'eau vers une solution salée à travers de l'huile; car aucun de ces deux liquides ne mouille l'huile. Mais, par contre, l'osmose de l'alcool vers l'eau se fait facilement au travers de l'huile de ricin; car l'alcool y est soluble. L'osmose n'aurait plus lieu, si nous remplaçions l'huile de ricin par une huile différente.

Telles sont les deux lois qui président au phénomène de l'osmose à travers un septum liquide.

Certaines conditions peuvent faire varier le courant osmotique : nous allons les étudier.

L'épaisseur du septum liquide n'est pas sans influence sur la rapidité du phénomène. J'ai placé, dans deux éprouvettes égales, volumes égaux d'eau et d'alcool à 45°, séparés par une couche d'huile de ricin. Dans une des éprouvettes, cette couche avait 2 millimètres d'épaisseur, dans l'autre, elle en avait 4 1/2. Au bout de vingt-quatre heures, le niveau s'était élevé de 1/2 millimètre dans la première, il n'avait pas varié dans la seconde; ce ne fut qu'après un temps fort long (plusieurs jours) que l'ascension de la couche d'huile fut sensible.

Des différences dans l'épaisseur du septum liquide m'ont donné des résultats analogues avec les essences de térében-thine, de citron, de fenouil et la benzine. Tout d'abord, je crus le retard apporté dans le phénomène proportionnel à cette épaisseur: l'expérience m'apprit qu'il n'en était rien : *le retard augmente bien plus vite que l'épaisseur*. Pour des épaisseurs égales, le retard est beaucoup moins considérable, lorsque le liquide interposé dissout facilement le liquide osmosant. Ainsi, avec une couche d'huile de ricin, de 4 millimètres d'épaisseur, le retard a été de six à sept jours; avec une égale épaisseur de benzine, le retard n'a été que de vingt-quatre heures.

Une autre cause qui influe aussi beaucoup sur la rapidité du phénomène est la plus ou moins grande solubilité du liquide osmosant dans le liquide septum. L'expérience que je citais tout à l'heure en est un exemple. L'osmose à travers la benzine est beaucoup plus rapide, toutes choses égales d'ailleurs, que l'osmose à travers l'huile de ricin.

La température favorise l'osmose, absolument comme elle favorise la diffusion. Une éprouvette remplie d'eau, d'huile de ricin et d'alcool, maintenue dans un bain à 50°, a présenté une ascension du septum en moins de douze heures. Une expérience comparative faite avec des quantités égales de liquides, mais maintenue à la température ordi-naire, n'a donné une ascension sensible du niveau que vingt-quatre heures après. Des résultats analogues ont été obtenus avec les autres liquides employés.

Ce phénomène présente une particularité remarquable, sur laquelle je vais m'arrêter un moment. Si nous faisons osmoser de l'alcool vers de l'eau à travers une couche de benzine, le déplacement du septum va d'abord se faire avec une grande lenteur; puis, lorsqu'une certaine quantité d'alcool aura osmosé, le déplacement se fera avec plus de rapidité. Les chiffres suivants vont mieux me faire comprendre :

TEMPS DE L'EXPÉRIENCE.	ASCENSION DU SEPTUM.
Après 24 heures.....................	$1^{mm}00$
— 36 —	2 50
— 48 —	5 00
— 60 —	6 00

L'ascension est d'abord lente, 1 millimètre dans vingt-quatre heures; puis elle se produit avec plus de rapidité, puisqu'en douze heures elle est de $1^{mm}50$. La rapidité reste la même pendant un certain temps, puis elle diminue peu à peu.

J'ai substitué à la benzine une couche d'égale épaisseur d'essence de térébenthine, le résultat a été analogue.

TEMPS DE L'EXPÉRIENCE.	ASCENSION DU SEPTUM.
Après 24 heures.....................	$0^{mm}75$
— 36 —	1 50
— 48 —	2 50
— 60 —	3 00

L'osmose est favorisée lorsque l'alcool a déjà passé depuis un certain temps; j'ai cru qu'on pourrait attribuer l'accélération à ce fait que les deux faces du septum étaient mouillées lorsqu'il y avait de l'alcool au-dessus et au-dessous. Pour voir si cette idée était juste, j'ai séparé une solution d'alcool et de l'alcool par de la benzine; une expérience comparative avec de l'eau pure m'indiquait la marche normale de l'expérience.

TEMPS de l'expérience.	ASCENSION avec eau pure.	ASCENSION avec eau alcoolisée.
Après 24 heures.........	1^{mm}00	2^{mm}50
— 36 —	2 50	4 00
— 48 —	5 00	5 00
— 60 —	6 00	5 50

Ce tableau choisi entre plusieurs est intéressant, car il vérifie complètement l'hypothèse que j'avais admise pour expliquer l'accélération de l'osmose après un certain temps de marche. On voit, en effet, qu'au début l'osmose est bien plus rapide avec de l'eau alcoolisée; mais on peut constater aussi que la diminution dans la vitesse de l'osmose se produit beaucoup plus tôt qu'avec l'eau pure. Voici comment on pourrait expliquer ce dernier fait : lorsque les deux faces sont mouillées par des solutions d'alcool à divers titres, il y a production de deux courants, l'un d'endosmose, l'autre d'exosmose, qui ne sont pas égaux, mais qui tendent à s'égaliser à mesure que les solutions deviennent de plus en plus semblables. Le fait de l'accélération échappe à toute explication sérieuse, car il semblerait que loin de présenter une accélération, l'osmose devrait éprouver un ralentissement. Du reste je reviendrai sur ce fait à l'occasion de la théorie du phénomène et je le discuterai avec plus de détails.

Tout ce que nous venons de dire est relatif à l'osmose des liquides à travers une membrane liquide; reste à savoir si les solides solubles se comportent de la même manière. Les essais n'ont pas été nombreux; cependant ils permettent par leur netteté de tirer quelques conclusions qui me paraissent assez importantes. Cet ordre de recherche est absolument nouveau et il a été entrepris uniquement pour étudier la cause de l'accroissement du courant osmotique, lorsque l'expérience a déjà marché un certain temps. Les substances solides employées ont été autant que possible choisies parmi les substances colorantes, ce qui permettait de suivre le phénomène avec beaucoup de facilité.

Je me suis servi, comme Lhermite l'avait fait, d'éprouvettes à pied étroites : c'est un appareil très simple et très commode. Je versais les liquides et les solutions avec beaucoup de précautions, et de crainte de les mélanger, je les versais à l'aide d'une pipette coudée; l'éprouvette était placée dans une pièce où la température ne variait pas sensiblement et où l'appareil n'était sujet à aucune cause de mouvement.

Les substances solides ont été dissoutes tantôt dans le liquide mouillant le septum, tantôt dans le liquide qui ne le mouillait pas. J'ai disposé les liquides dans l'ordre suivant :

> Solution alcoolique d'aniline,
> Benzine,
> Eau.

L'aniline est très soluble dans l'alcool et la benzine fort peu dans l'eau.

La vitesse de l'osmose est absolument la même qu'avec l'alcool seul. Au début il se forma une couche d'alcool, haute d'environ 1 millimètre, entre l'eau et la benzine. Cette couche était absolument incolore, mais elle ne tarda pas à prendre une teinte bleue qui alla en augmentant d'intensité. *Pendant tout le temps de l'expérience la benzine est restée incolore.* Au début de l'expérience nous avions :

> Couche d'eau incolore,
> Couche de benzine incolore,
> Couche d'alcool coloré en bleu.

A la fin nous avons :

> Couche d'eau incolore,
> Couche d'alcool coloré en bleu,
> Couche de benzine incolore.

L'alcool et l'aniline ont donc osmosé; mais comment expliquer que la benzine ne soit pas colorée? J'ai répété plusieurs fois cette expérience; toujours j'ai obtenu même résultat. Une fois j'ai vu au point de séparation de l'alcool et de la benzine une goutte bleue se former; j'ai attendu plusieurs heures pour saisir le moment où elle tomberait, mais en vain : vingt-quatre heures plus tard elle avait disparu.

J'ai répété cette expérience avec de l'essence de térébenthine comme septum; le résultat a été le même.

Alors, au lieu de faire une solution alcoolique, j'ai fait une dissolution aqueuse d'aniline. Au-dessus de cette solution, j'ai étendu une mince couche de benzine, et, au-dessus encore, de l'alcool. Nous avions donc :

Couche d'eau colorée en bleu,
Couche de benzine incolore,
Couche d'alcool incolore.

L'osmose s'est faite absolument comme si l'eau n'eût pas tenu d'aniline en dissolution. L'alcool a passé peu à peu, il est venu former une couche incolore entre l'eau et la benzine. Nous avions donc à la fin de l'expérience :

Couche d'eau colorée en bleu,
Couche d'alcool incolore,
Couche de benzine incolore.

Cependant, la couche d'eau et celle d'alcool n'étaient pas nettement délimitées ; la limite supérieure de la coloration bleue n'était pas aussi nettement tranchée qu'au début.

J'ai obtenu des résultats absolument analogues avec l'alizarine. L'alcool coloré par l'alizarine passait à travers la benzine sans la colorer, et formait une couche jaune entre la benzine et l'eau ; cette couche avait une limite supérieure bien tranchée, l'inférieure n'était pas si nette.

Avec l'iode, les résultats ont été un peu différents. La couche de benzine s'est colorée peu à peu dans toute sa hauteur, et l'alcool qui passait à travers le septum était coloré *dès le début* de l'expérience. Au début nous avions :

Couche d'eau incolore,
Couche de benzine incolore,
Couche d'alcool colorée en brun.

A la fin nous avons :

Couche d'eau incolore,
Couche d'alcool colorée en brun,
Couche de benzine.

Tout l'iode et tout l'alcool ont passé. Mais cette fois la benzine n'est pas restée incolore. Cependant sa coloration a toujours été beaucoup moins intense que celle de l'alcool. La délimitation entre l'alcool et l'eau à la fin de l'expérience n'est pas possible, la coloration descendant à peu près jusqu'à moitié de la colonne liquide. J'ai fait l'expérience inverse : j'ai fait dissoudre l'iode dans une solution aqueuse d'iodure de potassium, et j'ai placé cette solution au fond d'une éprouvette ; j'ai disposé au-dessus de la benzine et de l'alcool. J'avais donc alors :

Couche d'eau colorée en brun,
Couche de benzine incolore,
Couche d'alcool incolore.

Dès le début de l'expérience, la benzine a dissous une partie de l'iode et s'est légèrement colorée en brun ; mais cette coloration ne tarda pas à disparaître à mesure que l'alcool osmosait vers l'eau. La couche d'alcool formée entre la benzine et l'eau était fortement colorée en brun. A la fin de l'expérience j'avais donc deux couches : une constituée par l'eau et l'alcool colorés en brun, et l'autre par la benzine incolore.

Pour me rendre compte de ces faits qui me paraissaient fort obscurs, voici les expériences que je fis. Au-dessus d'une couche d'eau colorée en bleu par l'aniline, je mis une couche de benzine ; dans une éprouvette analogue, je plaçai une couche d'alcool au-dessus d'une couche d'eau également colorée en bleu. Je notai avec soin le niveau. Quarante-huit heures après, presque toute l'aniline avait diffusé dans l'alcool de la seconde éprouvette; aucun changement ne s'était produit dans la première.

Mêmes résultats avec l'alizarine.

Avec l'iode il n'en fut pas de même. Dans les deux éprouvettes, l'iode avait diffusé dans les liquides placés au-dessus de l'eau; moins, il est vrai, dans la benzine que dans l'alcool.

De ces faits je me crois autorisé à conclure que lorsque deux liquides ne se mouillent pas, leurs molécules sont très éloignées les unes des autres par rapport à la distance qui existe entre les molécules de chacun de ces corps : il existerait en quelque sorte une espèce d'atmosphère entre ces deux liquides, atmosphère qui ne pourrait être traversé que par les corps volatils. Ainsi la benzine et l'eau ne se mouillant pas, tout corps solide dissous dans l'un d'eux ne pourra passer dans l'autre s'il n'est volatile. L'aniline et l'alizarine ne l'étant pas, ne passeront pas; l'iode au contraire passera facilement. — Cette hypothèse permet d'expliquer pourquoi l'aniline et l'alizarine ne passent pas lorsque l'on fait osmoser l'alcool vers l'eau à travers la benzine. Tant que les deux faces de la benzine ne sont pas mouillées, le passage ne peut avoir lieu; mais lorsque la quantité d'alcool osmosé est suffisante pour mouiller la face inférieure de la benzine, le passage alors peut s'effectuer.

On pourrait donc admettre deux lois pour l'osmose des solides à travers les liquides :

1° Tout corps insoluble dans l'un quelconque des trois liquides ne peut osmoser.

2° Pour que l'osmose d'un corps solide puisse se faire entre deux liquides qui ne se mouillent pas, il faut qu'il soit volatil.

De ces deux lois la première seule est admissible d'une

manière absolue ; la seconde aurait besoin d'être confirmée par d'autres expériences.

Les faits que je viens de faire connaître permettent de rattacher aux phénomènes de diffusion l'osmose à travers un septum liquide. Il est absolument impossible d'admettre l'existence de conduits, à moins que l'on ne considère comme tels les espaces intermoléculaires, ce qui n'est pas admissible, car les espaces intermoléculaires forment un ensemble de lacunes s'anastomosant dans tous les sens. D'ailleurs la longue durée de l'expérience ne permet pas de rattacher le phénomène de l'osmose à l'ascension des liquides dans des tubes capillaires.

Il est plus rationnel d'admettre que les liquides osmosants diffusent dans le septum. Ce qui le démontre, c'est la durée de l'expérience, c'est l'effacement de la surface de séparation des deux liquides supérieurs. Une fois le septum imbibé d'alcool, ce liquide diffuse peu à peu dans le liquide inférieur, d'autant plus rapidement que ce dernier contient moins d'alcool, et par conséquent, la rapidité devrait être plus grande au début qu'à la fin ; or, c'est l'inverse que l'on observe. Ce fait semblerait renverser la théorie que je donne du phénomène. D'où vient en effet que la diffusion se fait plus rapidement lorsqu'il y a déjà une partie du liquide osmosé? On le comprendra facilement, si on remarque qu'au début la benzine ne mouille pas l'eau, et que plus tard, lorsque cette eau est déjà chargée d'alcool, les deux faces de la benzine sont mouillées. Les conditions ne sont donc plus les mêmes ; on comprend alors que l'osmose ne se fasse pas de la même manière.

CHAPiTRE IV

—

OSMOSE A TRAVERS MEMBRANES MOUILLÉES PAR LES DEUX LIQUIDES

—

Je passe maintenant aux phénomènes de l'osmose proprement dite, phénomènes caractérisés par le passage en
proportion inégale de deux liquides au travers de membranes. Comme on l'a vu dans l'historique, ce phénomène
a donné lieu à beaucoup de travaux. Je vais tâcher de les
ordonner, de les relier les uns aux autres, et m'efforcer
d'en faire un corps de doctrine. Après quoi, j'exposerai les
idées qui me font considérer l'osmose comme un cas de la
diffusion.

Nous avons vu jusqu'ici que deux liquides différents ou
un liquide et une solution, superposés par ordre de densité
et miscibles se mélangent toujours suivant une même loi.

Nous avons ensuite vu que deux liquides non plus en
contact immédiat l'un avec l'autre, mais séparés par un
troisième, se mélangent aussi, mais ne se mélangent plus
comme s'ils étaient seuls. Le phénomène de diffusion existe,
mais il est profondément troublé par l'interposition d'un
septum.

L'action de ce septum nous a été dévoilée, en partie du
moins, par l'étude de l'imbibition. Nous avons vu que
toutes les membranes, toutes les substances qui peuvent
servir de septum ne sont pas également perméables aux
différents liquides; elles agissent donc d'une manière active

en modérant ou accélérant le passage des liquides, et, partant, le courant osmotique.

Cette étude préliminaire était nécessaire, à mon avis, pour faire avec fruit l'exposition des phénomènes complexes de l'osmose. Elle permet déjà par induction de comprendre ce qui va se passer lorsque deux liquides différents vont être séparés l'un de l'autre par une membrane perméable à ces deux liquides.

L'appareil qu'on peut employer pour répéter les expériences que je vais indiquer, est un simple endosmomètre de Dutrochet. Un tube large et court, ouvert à ses deux extrémités, dont l'une peut être fermée par une membrane et l'autre par un bouchon muni d'un long tube à diamètre intérieur assez fin : ce tube pourra être gradué sur verre ou tout simplement muni d'une échelle millimétrique sur papier ou carton. — Dans l'intérieur de l'osmomètre on place le liquide qu'on veut étudier au point de vue osmotique, et on plonge l'appareil jusqu'au bouchon dans un cristallisoir plein d'eau distillée ou de tel autre liquide que l'on voudra. Pour empêcher la membrane de bomber sous l'influence de la pression croissante qui se produit souvent dans l'intérieur de l'appareil, il est bon de la soutenir, soit à l'aide d'une toile métallique, soit à l'aide d'une feuille de laiton percée de trous.

Toutes les fois que l'on aura besoin de prendre des mesures, il vaudra mieux se servir de la méthode par comparaison, et employer des appareils identiques au point de vue du volume total et du calibre. On obtient ainsi des résultats parfaitement comparables, ce qu'on n'aurait pas, même en se servant du même appareil, car les conditions de pression ou de température pourraient ne pas être les mêmes.

Fermons l'ouverture évasée d'un osmomètre avec une membrane animale, un fragment de vessie desséchée par exemple; remplissons-le d'une solution d'eau au 1/10 de carbonate de soude, de telle sorte que le niveau s'élève de quelques millimètres dans le tube osmométrique; plongeons ensuite l'appareil dans un cristallisoir contenant de l'eau distillée. Nous ne tarderons pas à voir le niveau monter dans le tube osmométrique d'une manière lente mais continue. Il y a osmose : le volume de la solution de carbonate de soude augmente par l'introduction d'eau distillée. — Faisons maintenant l'expérience inverse : remplissons l'osmomètre d'eau distillée et plongeons l'appareil dans la solution de carbonate de soude. Au lieu de s'élever, le niveau s'abaissera toujours d'une manière lente mais continue; il sort donc de l'eau, il y a encore osmose.

Ce phénomène est absolument indépendant de la pesanteur, puisque dans un cas il se produit en sens inverse de cette force; l'abaissement du niveau dans le second cas ne lui est pas dû, puisque si on ne plonge pas l'endosmomètre dans la solution, on n'observe rien.

Le phénomène n'est pas dû non plus à la capillarité du tube osmométrique, puisque tantôt le niveau monte, tantôt il descend, suivant la position des liquides. D'ailleurs, il se produit alors même qu'on emploie un tube osmométrique assez large pour que la capillarité n'agisse pas.

Nous sommes donc là en présence d'une force nouvelle, force qui agit souvent contrairement à l'action de la pesanteur, et qui paraît d'une nature tout à fait différente de celle que nous connaissions jusqu'à ce jour : c'est la *force osmotique* ou *osmose*.

Pour que cette force se produise, trois éléments sont nécessaires.

Il faut deux liquides de nature différente et une membrane qui les sépare l'un de l'autre. Nous allons les étudier dans deux paragraphes différents, mais avant d'entreprendre cette étude, je veux indiquer quelques particularités que présente le phénomène de l'osmose.

Dans l'expérience précédente nous avons constaté l'existence du courant dirigé de l'eau vers la solution à travers la membrane, mais ce courant n'est pas seul, il en existe toujours un second dirigé en sens inverse du premier et d'intensité beaucoup moindre. Si, en effet, nous examinons l'eau du cristallisoir nous verrons qu'elle contient du carbonate de soude. — L'existence de ce second courant se démontre d'une manière plus élégante en faisant osmoser de l'eau vers une solution de gomme colorée en bleu. En même temps que le niveau s'élève dans le tube osmométrique, on voit l'eau se colorer en bleu. Il faut donc qu'il y ait transport de la solution vers l'eau.

Dutrochet avait observé ce double courant, il faisait osmoser de l'eau vers une solution de chlorure de sodium. Au bout d'un temps extrêmement court, il constatait la présence du chlorure de sodium dans l'eau distillée extérieure, à l'aide du nitrate d'argent.

Le courant le plus fort ou du moins le courant qui va de l'eau vers la solution ou l'autre liquide, porte le nom d'*endosmose;* celui qui va en sens inverse s'appelle *exosmose.* Lorsque le courant d'endosmose est plus fort que le courant d'exosmose, le liquide s'élève dans l'intérieur de l'osmomètre : il y a alors *osmose positive.* Dans le cas contraire, lorsque l'exosmose l'emporte sur l'endosmose, le niveau baisse dans le tube osmométrique : il y a *osmose négative.* Lorsque le courant d'endosmose est égal au courant d'exosmose, le niveau ne change pas : on dit alors qu'il n'y a pas d'osmose; le double courant n'en existe pas moins, aussi ne faut-il pas se laisser tromper par l'absence de variation de niveau dans le tube osmométrique.

L'existence de ce double courant établit déjà une différence entre l'osmose à travers une membrane mouillée par un seul liquide et l'osmose à travers une membrane mouillée par les deux liquides. Le phénomène, comme on le voit, se complique à mesure que les conditions deviennent plus nombreuses.

Lorsque le courant d'endosmose est plus rapide que le courant d'exosmose, le liquide s'élève dans l'intérieur du tube osmométrique et peut atteindre une hauteur souvent considérable. On n'a pas pris de mesure, mais Dutrochet affirme que la pression produite par la colonne liquide peut faire équilibre à plusieurs atmosphères. On comprend dès lors la nécessité de soutenir la membrane et de lui donner assez de résistance pour ne pas crever sous la pression. Pour mesurer la force osmotique, on peut, comme l'a fait Dutrochet, adapter un manomètre à air libre à un réservoir osmotique. On voit alors le mercure s'élever lentement mais d'une manière continue jusqu'à une hauteur considérable. Il arrive, cependant, un moment où il cessera de monter : la colonne mercurielle exerce alors sur la membrane une pression telle que le liquide qu'elle fait filtrer est précisément égal au liquide introduit par la force osmotique. A ce moment, la colonne mercurielle représente la *force osmotique* et peut servir à la mesurer. On pourrait tout aussi bien mesurer la force osmotique par la hauteur à laquelle arriverait le liquide dans le tube osmométrique; mais il faudrait pour cela des tubes de plusieurs mètres de longueur.

Si, après avoir rempli un réservoir osmométrique d'une solution sucrée, nous bouchons ses deux ouvertures par des membranes, et si nous le plongeons dans l'eau distillée, nous verrons les membranes bombées faire saillie à l'extérieur; elles ne crèveront pas, car la pression qui existera dans l'intérieur du réservoir fera filtrer autant de liquide que l'osmose en fera pénétrer. Pour démontrer qu'il y a une très grande pression dans l'intérieur de cet appareil, il suffit de le sortir du liquide et de piquer l'une des membranes avec une aiguille : il y aura production d'un jet liquide de plusieurs mètres de longueur.

Endosmose électrique.

Avant d'entreprendre l'étude détaillée de l'osmose, je veux dire un mot de l'endosmose électrique. Jusqu'ici on la regardait, à tort me semble-t-il, comme un fait analogue à l'osmose proprement dite.

J'ai indiqué dans l'historique la célèbre expérience de Porret, dans laquelle un courant électrique fait passer de l'eau à travers une membrane. L'exposé seul de l'expérience suffit pour faire voir combien ce phénomène diffère de celui de l'osmose. Dans ce dernier, en effet, il faut — nous le démontrerons plus loin — deux liquides de nature différente. Ici, nous n'en avons qu'un seul.

Si l'on sépare deux liquides par une *membrane poreuse*, et si l'on fait communiquer l'un d'eux avec le pôle positif d'une pile, l'autre avec le pôle négatif, on constate que *toujours* il y a passage du liquide positif vers le liquide négatif. C'est un fait constant, qui ne dépend ni de la membrane ni des liquides; c'est un effet de transport analogue au transport des particules solides par le courant. La membrane offre une certaine résistance au passage des liquides; le courant électrique est une force qui détruit cette résistance. Le liquide ainsi entraîné passe par des orifices où il n'aurait pas passé. C'est un fait absolument mécanique qui ne dépend, je le répète, que du courant électrique. Le courant agit absolument comme la pression dans les expériences de Poiseuille. La pression, en effet, peut faire transsuder un liquide à travers une membrane; elle peut renverser le sens d'un courant osmotique, et, cependant, on n'ira pas ranger le passage du liquide par pression parmi les phénomènes d'osmose. Il en est de même pour le passage du liquide par électricité.

L'expérience de Fischer de Breslau démontre combien

l'endosmose électrique dépend peu de l'endosmose proprement dite. Ce savant mit dans une solution de sulfate de cuivre un tube bouché par une membrane et rempli d'eau distillée. D'après ce que nous verrons tout à l'heure, le courant principal aurait dû s'établir de l'eau vers la solution, par conséquent le volume du liquide diminuer dans le tube. Or, c'est précisément l'inverse qui eut lieu : le courant se dirigea de la solution de sulfate vers l'eau. C'est que l'auteur avait placé dans le tube un fil de fer, qui réduisit le sulfate de cuivre introduit dans le tube par endosmose. Cette réaction chimique produisit un courant, le fer étant le pôle négatif, la solution étant le pôle positif. C'est le courant qui produisit l'osmose du sulfate de cuivre vers l'eau, ce qui est contraire aux lois de l'osmose.

Du reste, les expériences de Wiedeman, quoiqu'elles n'aient pas été faites pour cela, démontrent pleinement l'analogie qui existe entre la transsudation par pression et l'endosmose électrique. Cet auteur a démontré (j'en ai parlé longuement dans l'historique) que la force électrique qui produit le passage d'une certaine quantité de liquide est directement proportionnelle à la pression qui produirait le passage de la *même quantité de liquide* à travers *la même membrane*, dans *le même temps*.

Dans les deux cas, en effet, il y a même résistance offerte par la membrane; pour la vaincre, il faudra des forces égales, soit sous forme de courant électrique, soit sous forme de pression, peu importe.

Je me suis un peu étendu sur ce phénomène, car on a la fâcheuse habitude de l'assimiler aux phénomènes osmotiques. Il est bon, je crois, pour élucider la question de l'osmose, de bien la débarrasser de tout ce qui ne lui appartient pas. La dénomination d'*endosmose électrique* est donc une expression vicieuse que l'on doit remplacer par *transport par l'électricité*.

Je ne parle pas, bien entendu, de la production d'électricité pendant l'existence du courant osmotique, c'est une autre question sur laquelle je m'étendrai plus loin, car elle est fort importante.

Action de la chaleur.

La chaleur a une action très manifeste sur l'osmose, Dutrochet l'a constaté dès le début. Il n'est pas d'expérimentateur qui ait étudié les phénomènes osmotiques, qui n'ait fait la même observation. En général, la chaleur agit en *favorisant le courant le plus fort :* je dis en général, car dans certains cas nous verrons qu'il n'en est pas ainsi. L'action de la température est très considérable. Si nous faisons osmoser de l'eau vers une solution de carbonate de soude, le courant sera d'autant plus rapide que la température sera plus élevée ; pour un accroissement de chaleur qui ne dépassera pas 30°, la vitesse sera doublée.

L'action de la température n'est pas la même dans tous les cas, elle varie avec la membrane et la nature des liquides. J'indiquerai ces variations au fur et à mesure qu'elles se présenteront.

Je fais ici la même remarque que pour l'électricité : je ne parle pas des effets thermiques produits par le courant lui-même (nous étudierons ces derniers plus tard), je me contente pour le moment d'étudier l'action de la température extérieure sur la marche du phénomène.

Comment la température agit-elle ?

Certains auteurs ont admis qu'elle dilate les conduits capillaires des membranes ; d'autres, qu'elle favorise l'action chimique ; d'autres enfin, qu'elle agit en *fluidifiant*, en rendant plus ténues les molécules liquides. Il peut y avoir du vrai dans toutes ces explications ; mais si l'on remarque l'ana-

logie qu'il y a entre l'action de la température sur l'osmose
et l'action de la température sur l'imbibition des membranes, on est conduit à admettre que c'est en favorisant
l'imbibition par l'eau que l'élévation de la température
favorise l'osmose positive. D'ailleurs ce n'est là qu'une
hypothèse analogue aux précédentes qui nécessite de nouvelles recherches.

Influence des liquides sur l'osmose.

Outre les causes générales comme la chaleur, l'électricité,
qui peuvent modifier plus ou moins profondément le
phénomène de l'osmose, il en est d'autres inhérentes à la
nature même du liquide qui le règlent, et dont par conséquent la connaissance est absolument nécessaire. Une
première condition est la différence des deux liquides : on
peut l'énoncer sous forme de loi et dire : *Pour que l'osmose
puisse se produire, il faut que les deux liquides qui osmosent l'un
vers l'autre soient différents.*

Il n'est pas nécessaire que cette différence soit d'ordre
chimique; on peut produire l'osmose avec deux liquides ne
présentant qu'une différence purement physique. Parmi ces
différences physiques, je comprends la différence des densités. — Ainsi, comme l'a très bien démontré Magnus, on
peut faire osmoser une solution peu concentrée d'un sel
vers une solution plus concentrée du même sel. C'est là un
fait de la plus grande importance; c'est lui qui me servira
en partie à réfuter la théorie de Graham. — Un autre fait
qui démontre l'influence des différences dans les propriétés
physiques est l'osmose entre deux solutions, l'une d'acétate
de potasse et l'autre de sulfate de potasse, osmose qui
change de sens avec le rapport des densités de ces deux
solutions. La solution d'acétate de potasse osmose vers le

sulfate si sa densité est moindre, mais c'est l'inverse qui a lieu si sa densité est plus forte.

Une expérience encore plus instructive et qui m'a été inspirée par ces idées théoriques consiste à faire osmoser de *l'eau à 50°* vers de *l'eau à 11°*, la température ambiante. Ce fait démontre encore mieux que les précédents combien la différence dans les propriétés physiques peut influer sur les phénomènes que nous étudions.

La miscibilité des deux liquides est encore une condition indispensable pour la production de l'osmose.

Les substances miscibles pourront osmoser, celles qui ne le sont pas n'osmoseront jamais. C'est une loi analogue à celle que nous avons indiquée pour la diffusion et l'osmose à travers un septum mouillé par un seul liquide. On pourrait du reste poser ce principe comme un axiome. Il est, en effet, de toute évidence que jamais l'eau n'osmosera vers l'huile, ni vers le sulfure de carbone. Par contre, il serait facile de montrer que les substances qui osmosent sont toutes miscibles les unes aux autres.

Cette loi est absolument générale. Lorsque les deux liquides sont miscibles, il faudra tenir compte du degré de miscibilité; Béclard a en effet parfaitement démontré qu'il exerce une grande influence sur la rapidité de l'osmose.

Ainsi on peut faire osmoser de l'alcool vers de l'huile, mais le courant sera peu intense, la miscibilité de ces deux liquides n'étant pas très grande; au contraire l'éther osmosera avec une très grande rapidité vers l'huile, car ces deux liquides sont miscibles en toutes proportions.

Dans toutes les expériences qui vont suivre, sauf indication contraire, je supposerai comme liquide extérieur de l'eau distillée à la température de 14° ou 15°. La membrane employée sera un morceau de vessie préalablement desséché, et de plus les liquides seront miscibles en toutes proportions.

Je vais maintenant entreprendre l'étude des différentes classes de substances en commençant par les substances minérales.

L'osmose des sels neutres présente absolument la même marche que l'osmose du carbonate de soude, citée déjà comme exemple : le courant principal est toujours dirigé vers le sel, tandis qu'une partie de ce dernier passe par exosmose vers l'eau. Dans ce cas, c'est bien le liquide le moins dense qui osmose vers le liquide le plus dense; mais il ne faudrait pas croire cependant que l'intensité du courant soit proportionnelle à la densité du sel. Dutrochet l'admettait, il est vrai; mais les expériences si précises de Graham ont démontré qu'il n'en est rien. L'osmose, d'après cet auteur, s'accroît moins vite que la densité de la solution. On peut le voir par l'exemple suivant (Graham) :

TITRE DE LA SOLUTION de sulfate de magnésium.	ASCENSION en millimètres.
2	30
5	73
10	152
20	238

Pour que la proportionnalité existât, il faudrait que les ascensions fussent 30, 75, 150, 300.

On peut dire encore que *les sels de même nature osmosent à peu près de la même manière.* — Ainsi, les chlorures alcalins et alcalino-terreux ont des pouvoirs osmotiques analogues, mais non pas absolument semblables cependant.

TITRE.	ÉLÉVATIONS EN MILLIMÈTRES.		
	NaCl	BaCl	ClK
2 %	21	35	449
10 %	272	154	619

On voit par ce tableau qu'il y a une très grande différence entre les chlorures de sodium et de baryum et le carbonate de potassium; entre les deux chlorures, au contraire, la différence est bien moins grande.

Les sels oxacides de potasse présentent aussi beaucoup d'analogie entre eux, au point de vue de l'osmose. Les sels de soude se rapprochent beaucoup des sels de potasse.

Les sels de baryum, strontium, calcium et magnésium n'ont pas un pouvoir osmotique bien intense; leurs nitrates donnent même lieu assez souvent à une osmose négative. Ils font, comme on le voit, exception à la loi que j'ai énoncée tout à l'heure relativement à la densité.

L'aluminium, par plusieurs de ses sels, se rapproche des sels de potasse et de soude.

Les autres métaux présentent des pouvoirs osmotiques très variables suivant l'acide avec lequel ils sont combinés; aussi, pourrait-on dire que le pouvoir osmotique *dépend non pas de la base mais de l'acide*. C'est ce qui ressort du tableau suivant, où je groupe les substances d'après leur pouvoir osmogène :

	ASCENSIONS dans le même temps.
Chlorure de calcium............	20
— de baryum.............	21
— de strontium..........	26
— de cobalt	26
— de magnésium.........	31
Nitrate de plomb..............	204
— de cadmium.............	139
— de cuivre..............	204

Mais ce fait n'est pas absolument général : j'indiquerai, en effet, plus loin, de très nombreuses exceptions.

Les acides et les sels acides présentent une particularité du plus haut intérêt. Lorsqu'on sépare de l'eau d'une solution acide par une membrane animale, il se produit un courant osmotique; mais ce courant ne sera pas nécessairement dirigé de l'eau vers l'acide. Dans certains cas, en effet, nous le verrons dirigé par l'acide vers l'eau. *Tous les acides peuvent présenter soit une osmose négative, soit une osmose positive.*

Mettons dans l'endosmomètre une solution d'acide tartrique dont la densité soit égale à 1,010 à la température de 25°; nous constaterons alors que le courant est dirigé de l'acide vers l'eau. Nous obtiendrons le même résultat avec des solutions dont les densités deviendront de plus en plus grandes, jusqu'à ce qu'elles soient devenues égales à 1,050. L'osmose paraît alors ne plus exister; car les courants d'endosmose et d'exosmose sont égaux. Dutrochet, nous le savons, a donné le nom de *terme moyen* de l'acide tartrique à la densité moyenne 1,050. Avec des solutions d'une densité supérieure, l'osmose est positive, absolument comme avec un sel neutre.

Tous les acides présentent un terme moyen analogue à celui de l'acide tartrique; il varie d'un acide à l'autre. Les variations de température agissent sur ce terme moyen comme sur les phénomènes osmotiques en général, c'est-à-dire qu'elles augmentent ou diminuent la vitesse de l'endosmose.

Ainsi, à la température de 25°, le terme moyen de l'acide tartrique est 1,050; il deviendra 1,100 à 15°. L'élévation de température diminue donc le terme moyen.

Mais il n'y a pas que les acides qui présentent cette anomalie, presque tous les sels acides peuvent, suivant la concentration de leur solution, produire soit une osmose positive soit une osmose négative. Ainsi les chlorures d'or, de platine et d'étain, certains sels acides, comme le bisulfate de potasse.

Cependant tous les sels acides ne sont pas dans ce cas; sel oxalates et les tartrates acides de potasse par exemple, produisent toujours une osmose positive.

Par contre, quelques sels réputés parfaitement neutres, comme le chlorure de magnésium et le nitrate de magnésie, produisent une osmose faiblement négative.

Il ne faudrait pas cependant, comme plusieurs auteurs l'ont fait, admettre l'acidité du chlorure et de l'azotate de magnésium; ce serait faire une hypothèse purement gratuite, d'aucune utilité, du reste, pour la théorie du phénomène osmotique.

Les bases ont une action inverse à celle des acides; c'est-à-dire qu'elles offrent toujours une osmose positive d'une très grande intensité. Aussi, c'est à cette propriété que l'on pourrait rattacher le grand pouvoir osmotique de certains sels réputés neutres, mais qui sont basiques en réalité. L'action des bases est très complexe; car elles attaquent les membranes avec une très grande rapidité et avec beaucoup d'énergie.

Les substances organiques solubles dans l'eau ont aussi un pouvoir osmotique. Suivant la substance, tantôt l'osmose est positive et tantôt négative, sans qu'il y ait de lois certaines. L'alcool produit une osmose positive, de même que toutes les matières organiques solides et solubles.

J'ai parlé des acides à propos des acides minéraux, je n'ai donc pas à y revenir.

Dans tout ce qui précède nous avons étudié l'osmose de ces différentes substances, relativement à l'eau distillée, ce liquide étant toujours le liquide extérieur. Voyons maintenant ce qui va se passer si nous lui substituons soit un autre liquide, soit une solution.

Les expériences suivantes démontrent avec la plus grande netteté, que le courant osmotique ne peut pas être attribué à la différence de densité, car, si nous prenons de l'alcool pour liquide extérieur, nous verrons l'osmose tantôt positive et tantôt négative. Ainsi, une solution de carbonate de potasse osmosera vers l'alcool si elle est très étendue;

mais, au contraire, si elle est très concentrée, elle produira un courant en sens inverse.

On peut encore étudier le pouvoir osmotique d'une solution relativement à une autre solution.

J'ai déjà indiqué le résultat que l'on obtient en séparant par une membrane animale deux solutions d'un même sel à des densités différentes; je n'y reviens pas. Il y a quelques sels, comme le chlorure de sodium, les carbonates alcalins, qui jouissent de la propriété de retarder ou d'accélérer le pouvoir des sels alcalins. Ce fait s'observe, que l'on mette ces sels dans le vase extérieur, dans l'eau distillée, ou bien dans l'intérieur de l'endosmomètre avec le sel à osmoser. — Parmi tous les sels, ce sont principalement les sels alcalins qui sont sensibles à cette action. Ainsi :

	ASCENSION en millimètres.
Solution de sulfate de potasse à 1 p. 100	18
— de sulfate de potasse + carbonate de soude à 0,01 p. 100.	139
— — — à 0,1 p. 100..	251
— de carbonate de soude à 0,01 p. 100, seul	92

L'accélération, comme on le voit, est extrêmement rapide et se produit avec beaucoup de netteté.

Les acides agissent eux aussi sur l'osmose; mais ils la retardent au lieu de l'accélérer.

	ASCENSION en millimètres.
Sulfate de potasse à 1 p. 100	+ 18
— de potasse + acide chlorhydrique à 0,01 p. 100	— 28

Tous les autres acides ont une action analogue, et pour cela il suffit d'en employer des traces

Le chlorure de sodium employé en petite quantité retarde lui aussi le courant positif.

Carbonate de NaO à 0,1 p. 100	188
— de NaO à 0,1 p. 100 + Na Cl à 1 p. 100	32
Na Cl à 1 p. 100, seul	25

Le sulfate de potasse et le carbonate de soude ne sont pas les seules substances dont l'osmose soit modifiée par de faibles quantités soit d'acides, soit de chlorure de sodium ou de carbonate de soude. Tous ou presque tous les sels alcalins sont dans ce cas : phosphates, carbonates, azotates, chlorures, iodures, etc.

Beaucoup d'autres sels alcalino-terreux ou même métalliques sont aussi influencés, mais beaucoup moins que les sels alcalins.

Il ne faudrait pas croire que le fait de l'accroissement ou de la diminution du courant osmotique fût uniquement dû à l'osmose propre de la substance modificatrice : par l'analyse, on constate, en effet, que la quantité de sel osmosé est accrue ou diminuée. C'est un fait réellement très curieux et mal expliqué.

Équivalents osmotiques.

En présence de ces faits, on peut se demander si chaque substance n'est pas caractérisée par son pouvoir osmotique, si on ne peut pas lui attribuer un équivalent. J'ai dit dans l'historique que Jolly avait répondu d'une manière affirmative à cette question, et qu'il s'était adonné à la détermination de ces équivalents. L'osmose était considérée par cet auteur comme la substitution d'une certaine quantité d'eau au sel diffusé. Chaque sel étant remplacé par une quantité d'eau variable, c'est le nombre de molécules d'eau susceptibles de se substituer à un molécule de la substance, qui était considéré comme son *équivalent osmotique.*

Il est incontestable que le pouvoir osmotique n'est pas le même pour les différentes substances : ce fait ressort pleinement de tout ce que j'ai dit plus haut.

Mais certains auteurs ont cherché à démontrer que ces

équivalents étaient illusoires; ils se sont basés sur ce que le pouvoir osmotique varie suivant la densité de la solution et suivant la membrane interposée.

C'est, à mon sens, une erreur : *le pouvoir osmotique reste le même tant que les conditions de l'osmose restent les mêmes.* C'est incontestable; prise dans ce sens, la notion d'équivalent est inattaquable, et c'est ainsi qu'il faut la comprendre. Puisque, d'après la plupart des chimistes, la solution est une véritable combinaison, il est naturel que l'équivalent endosmotique de l'alcool absolu ne soit pas le même que celui de l'alcool à 85°, puisque nous avons affaire à deux composés *chimiques* différents. Il serait étonnant, au contraire, qu'il en fût autrement; absolument comme il serait curieux de voir l'équivalent de l'alcool absolu se trouver le même que celui du sel marin.

Il est aussi illogique de refuser toute valeur aux équivalents osmotiques, sous prétexte que la membrane influe sur leur valeur. C'est absolument comme si l'on refusait toute valeur aux indices de réfraction, parce qu'ils varient avec l'espèce de rayons lumineux et la substance réfringente. Je le répète, il serait fort étonnant que le pouvoir osmotique fût le même pour des membranes différentes. Il faut, avant tout (et c'est un principe de physique expérimentale), se placer dans des conditions identiques pour que les résultats soient comparables, sans quoi, leur variation est nécessaire.

On peut définir l'équivalent osmotique : *le rapport entre l'endosmose et l'exosmose, entre la quantité de sel exosmosé et la quantité d'eau endosmosée;* ou bien encore, comme l'a fait Graham : *le poids de l'eau qui pénètre dans la solution à la place d'une unité de poids de la substance exosmosée.*

Pour cela, il faut supposer, bien entendu, que l'on compare les pouvoirs osmotiques des différentes substances par rapport à l'eau; que l'on met dans l'endosmomètre la substance dont on détermine l'équivalent et, à l'extérieur, de l'eau pure.

Les trois définitions que je viens de donner ne se ressemblent pas. Les équivalents déterminés suivant l'une ou l'autre de ces définitions ne seront pas les mêmes; aussi, est-il bon de bien préciser quel est l'équivalent employé. C'est l'équivalent tel qu'il a été défini par Graham, qu'il serait réellement utile d'adopter; il est susceptible de plus de précision, et permet de mieux se rendre compte de ce qui se passe réellement.

Peu de mesures ont été prises; car, dès son apparition, la notion d'équivalent a été combattue par de puissants contradicteurs : aussi, dès le début, fut-on détourné de son étude. Celle-ci serait pourtant féconde en résultats intéressants, et permettrait peut-être d'élucider la question encore si obscure du rôle de la membrane dans les phénomènes osmotiques.

Voici quelques équivalents déterminés par Jolly : la membrane employée était une vessie parfaitement desséchée; les sels essayés étaient mis à l'état de parfaite pureté dans l'intérieur de l'endosmomètre, le poids en était exactement connu. Lorsque tout le sel avait osmosé, on pesait la quantité d'eau introduite : le rapport indiquait l'équivalent endosmotique.

SUBSTANCES.	ÉQUIVALENTS.
Sulfate hydrique	0,319
Bisulfate de potasse........	2,345
Alcool...................	4,169
Chlorure de sodium........	4,223
Sucre...................	7,157
Sulfate de cuivre	9,554
— de soude...........	11,628
— de magnésie	11,652
Gomme arabique..........	11,790
Sulfate de potasse	12,277
Potasse hydratée	215,745

Comme on le voit, un de ces équivalents est plus petit que l'unité, cela tient à ce que la quantité d'eau endosmosée est plus petite que la quantité de substance exosmosée. Toutes les fois donc qu'une substance nous donnera un courant négatif, son coefficient sera plus petit que l'unité.

On pourrait faire à la notion d'équivalent osmotique l'objection suivante qui a une certaine valeur : puisque les équivalents varient avec la concentration de la liqueur, ils ne seront pas les mêmes au début de l'expérience qu'à la fin puisque les liquides s'étendent.

Cette objection est juste; mais je répondrai en disant que je ne prendrai pas l'équivalent absolu : je prendrai seulement l'équivalent moyen. Du reste, je peux faire durer l'expérience un temps assez court pour que l'erreur attribuable à cette cause puisse être négligée. Le coefficient de dilatation des corps n'est pas le même pour toutes les températures et, cependant, la détermination du coefficient moyen est fort utile. Je crois que l'on trouverait le même avantage dans la détermination de l'équivalent osmotique moyen.

Il est une condition fort importante, qui influe sur la rapidité de l'osmose, et dont nous n'avons pas encore parlé. Jusqu'ici nous avons supposé les deux liquides placés en regard et immobiles : c'est la condition habituelle de l'osmose. Il est bon, toutefois, d'étudier l'influence du mouvement de l'un des liquides. J'ai réservé l'examen de ce cas pour la fin de l'étude des liquides au point de vue osmotique, car l'osmose se fait alors suivant des lois particulières; placé dans le corps même de l'exposition il aurait nui à sa clarté et aurait peut-être passé inaperçu; ses applications sont trop importantes et trop nombreuses pour que je ne m'y arrête pas un peu.

Dans l'osmose ordinaire d'un sel vers l'eau distillée, cette dernière devient de plus en plus riche en sel, tandis que la solution s'appauvrit; et, de fait, il résulte que le courant osmotique doit cesser au bout d'un certain temps, alors même que tout le sel n'a pas osmosé. Mais, si nous renouvelons l'eau extérieure à mesure qu'elle se charge de sel, l'osmose se fera et plus rapidement, et plus complètement, puisque l'endosmomètre sera plongé dans un liquide extérieur toujours différent du liquide intérieur. Le courant osmotique ne pourra donc cesser qu'au moment où le liquide intérieur sera le même que le liquide extérieur, lorsque l'osmose du sel sera complète.

Le mouvement du liquide extérieur a donc pour résultat *d'accélérer l'osmose et de la rendre plus complète.*

Je termine en donnant un tableau d'ensemble emprunté à Graham où se trouve indiqué le pouvoir osmotique des différentes substances. Le liquide extérieur était de l'eau pure.

OSMOSE DES DIFFÉRENTES SUBSTANCES. — DIAPHRAGME MEMBRANEUX.

	Millimètres.		Millimètres
A. oxalique..............	— 148	Chlorure de zinc.........	+ 45
A. chlorhydrique (0,1 p. 100)...	— 92	— de nickel.......	88
Trichlorure d'or..........	— 54	Nitrate de plomb.........	204
Bichlorure d'étain........	— 46	— de cadmium.......	137
— de platine......	— 30	— d'uranium.........	458
Nitrate de magnésie.......	— 22	— de cuivre.........	204
Chlorure de magnésium....	— 2	Chlorure de cuivre.......	354
— de sodium.......	+ 12	Protochlorure d'étain......	289
— de potassium.....	18	— de fer......	435
Nitrate de soude.........	14	— de mercure ..	121
— d'argent.........	34	Nitrate mercureux........	450
Sulfate de potasse........	21 à 60	— mercurique.......	476
— de magnésie.......	14	Acétate de sesquioxyde de	
Chlorure de calcium......	20	fer...........	194
— de baryum.......	21	— d'alumine........	393
— de strontium.....	26	Chlorure d'aluminium.....	510
— de cobalt.......	26	Phosphate de soude.......	311
— de manganèse....	34	Carbonate de potasse......	439

Action de la membrane sur le courant osmotique.

L'action que la membrane exerce sur l'osmose est des plus variées et des plus complexes. On voit, en effet, le courant changer de sens si l'on vient à changer la membrane ; dans certains cas même, le courant osmotique subit de profondes variations rien que par le simple retournement de la membrane. Ces faits ont beaucoup étonné les physiciens ; aussi pendant longtemps a-t-on cru que la membrane produisait à elle seule le courant. Certains auteurs ont voulu rattacher les phénomènes osmotiques aux phénomènes vitaux, uniquement parce qu'ils se produisent à l'aide de membranes organisées. Toutes les théories qui ont cours actuellement ont pour base une action spéciale de la membrane. Elles se basent presque toutes sur une modification produite dans l'intérieur du septum. Ce n'est pourtant pas tout dans les phénomènes de l'osmose ; il faut tenir compte, et dans une large mesure, de l'action des liquides l'un sur l'autre. Du reste, j'y insisterai dans un moment lorsque je discuterai les principales théories édifiées pour l'explication de l'osmose.

Pour la facilité de l'étude des membranes, je les divise en quatre catégories :

1° Membranes minérales,

2° Membranes végétales,

3° Membranes animales,

4° Membranes artificielles.

Les membranes qui constituent les trois premières catégories ne sont pas des lames homogènes. Elles sont formées par une foule d'éléments, figurés ou non, ne se touchant les uns les autres que par certains points, circonscrivant ainsi des espaces vides, tantôt sous forme de lacunes, tantôt sous forme de capillaires. On peut considérer la grande majorité de ces membranes comme formées par un tissu plus ou moins poreux, dont les pores peuvent toujours donner passage aux différents liquides, avec plus ou moins de facilité.

Mais, à côté de ces membranes, il en existe d'autres formées par des éléments figurés intimement collés les uns aux autres, ne laissant pas le moindre pore. C'est le cas, en particulier, des membranes épithéliales, où, comme le microscope l'a démontré, le revêtement est parfaitement continu. Les membranes artificielles sont toujours plus homogènes que les naturelles; aussi leur étude est-elle fort intéressante, puisqu'elle nous offre le phénomène d'endosmose dépouillé de tout ce qui dépend de la capillarité.

1° *Membranes minérales.* — Ces membranes ne sont pas absolument dénuées de pouvoir osmogène, comme le prétend M. Morin. Il est vrai que le courant osmotique qu'elles produisent est extrêmement faible, en général, souvent nul.

Les différentes plaques minérales essayées sont le calcaire, le gypse, diverses sortes de grès, la porcelaine dégourdie et la substance des vases poreux. Il y a toujours eu osmose, sauf avec le grès siliceux et le gypse. Le grès tendre ferrugineux n'a donné qu'une ascension très faible avec de l'eau gommeuse, de l'eau sucrée et des dissolutions de différents sels. Il y a toujours eu osmose de l'eau vers la substance contenue dans l'endosmomètre.

La porcelaine dégourdie à différents états de cuisson agit absolument comme les grès siliceux; elle ne produit pas trace d'osmose. La terre de pipe, c'est-à-dire un grès où domine l'alumine, produit au contraire une osmose considérable, c'est même la substance minérale qui donne naissance au courant osmotique le plus fort. Le calcaire, dans ses divers états, permet toujours aux courants osmotiques de se produire; mais il faut pour cela une plaque de minceur excessive; et encore l'osmose est-elle extrêmement faible.

On peut encore produire l'osmose uniquement à l'aide d'un tube fêlé; cependant il se pourrait bien que ce phénomène ne se rattachât qu'indirectement aux phénomènes osmotiques : je crois qu'il aurait besoin d'être mieux étudié.

C'est donc à tort que certains auteurs ont voulu rattacher les phénomènes osmotiques aux phénomènes vitaux. Il est absolument incontestable, après ces expériences, qu'ils peuvent se produire en dehors de toute organisation.

Avec la potasse et la soude caustiques, le courant osmotique présente une particularité analogue à celle des acides avec les membranes animales; c'est-à-dire qu'elles ont un terme moyen au-dessous duquel l'osmose est négative et au-dessus positive. D'ailleurs avec ces solutions l'osmose est relativement très considérable. Mais peu à peu la substance de la membrane est dissoute et l'osmose ne tarde pas à s'arrêter. Tels sont les principaux faits qui se rattachent aux membranes minérales; je passe maintenant à l'étude des membranes végétales.

2° *Membranes végétales.* — Les membranes végétales n'ont guère été étudiées que par Dutrochet et M. Cayon. Les expériences de Dutrochet ont particulièrement porté sur la gousse du baguenaudier et sur des membranes d'*Allium porrum*. Elles présentent très manifestement un courant osmotique, surtout avec les matières organiques en solution, comme les gommes, le sucre et l'alcool. Avec les acides, le courant se produit et l'osmose se fait toujours de l'eau vers la solution. Dans ce cas, par conséquent, on n'observe pas l'existence d'un terme moyen. A ces membranes végétales pourrait se rattacher le papier parchemin ; mais je préfère le renvoyer à plus tard : j'en parlerai dans l'article des membranes artificielles.

Les expériences de M. Gayon ont principalement porté sur les pellicules des grains de raisin et de la pêche. Elles sont encore inédites, et, avec la permission de leur auteur, je vais les consigner ici.

Avec la peau de la pêche, il faut avoir soin de prendre quelques précautions pour empêcher les bulles d'air d'adhérer à sa surface. Elle est, en effet, recouverte par un enduit cireux que l'eau ne mouille qu'imparfaitement. M. Gayon a détaché avec soin une peau de pêche, l'a plongée pendant quelques instants dans l'alcool pour bien la mouiller régulièrement, puis l'a lavée à l'eau distillée.

Il a monté deux endosmomètres avec cette membrane : la face externe de la peau regardait à l'intérieur dans l'un et à l'extérieur dans l'autre. Puis il les a remplis avec de l'eau sucrée au dixième et les a plongés dans l'eau distillée. Dans le premier l'eau était en contact avec la face interne, dans le second avec la face externe.

M. Gayon vit alors le niveau baisser dans le premier osmomètre, s'élever au contraire d'une manière progressive dans le second.

Mêmes résultats avec la peau de raisin, à cela près, qu'ils ont été beaucoup moins nets. Dans l'endosmomètre où l'eau était en contact avec la face interne de la pellicule, il y a eu osmose déplétive, le niveau a baissé ; dans l'autre il n'a pas varié. Au bout de quelques heures il s'est produit un changement dans la marche de l'expérience ; dans le dernier osmomètre, dans celui où l'eau était en contact avec la face externe, il s'est produit une ascension assez rapide, mais elle n'a pas tardé à cesser.

Les peaux de pêche et de grains de raisin ont donc produit un phénomène analogue à celui que présentent les peaux d'anguille et de grenouille.

Ces expériences ont ceci de particulièrement intéressant qu'elles généralisent les expériences de Matteucci et Cima, en montrant qu'elles peuvent être reproduites même avec des membranes végétales. Il est probable que l'on obtiendrait des résultats analogues avec toutes les membranes végétales qui présentent une structure différente sur leurs deux faces. Je me propose, sur les indications de M. Gayon, · de rechercher l'action que produiraient la peau des fruits en drupe en général, la pellicule qui sépare les différentes parties de l'orange et du citron, ainsi que les cuticules des feuilles.

Dans tous les cas, ce qui ressort de ces expériences, c'est que la condition essentielle à la production du phénomène de Matteucci est une différence de structure des deux faces de la membrane. Les expériences de Matteucci et Cima sur les membranes animales permettent de tirer les mêmes conclusions; nous verrons plus loin que les expériences dont M. Gayon le premier a eu l'idée et qui consistent à modifier l'une des faces d'une membrane, confirment pleinement cette manière de voir.

3° *Membranes animales.* — De toutes, ce sont les membranes animales qui ont été le mieux étudiées et qui ont donné lieu aux résultats les plus intéressants. On pourrait diviser ces membranes en deux grandes classes : les membranes fraîches et les membranes desséchées. En effet, l'action de ces membranes est tout à fait différente selon qu'on les prend dans l'un ou l'autre de ces états. Les membranes fraîches présentent généralement le phénomène découvert par Matteucci et que M. Gayon a retrouvé dans la membrane de la coque et dans la pellicule des fruits. Les membranes sèches, quel que soit le sens dans lequel on les place, agissent toujours de la même façon et présentent un courant toujours dirigé dans le même sens et avec la même intensité. Ce sont elles qui nous ont servi à étudier l'action des liquides sur l'osmose. Je n'insisterai donc que sur quelques phénomènes nouveaux ou anormaux dont je n'ai pas parlé jusqu'ici.

Nous avons vu que des liquides différents avec une vessie de bœuf sèche, produisent un courant osmotique dirigé généralement de la solution la moins dense vers la plus dense. Ce fait se retrouve avec toutes les autres, à cela près toutefois que l'intensité est généralement modifiée. Cette modification n'est pas très profonde; elle n'est jamais assez grande pour renverser le courant, le faire changer de signe. Le courant osmotique est d'autant *plus intense que la membrane employée est plus sèche:* c'est un fait extrêmement important dont je tirerai plus tard d'intéressantes conclusions.

L'osmose est encore modifiée si la membrane a subi quelque altération: ainsi que Harzer l'a démontré, l'action de l'acide sulfurique, du tannin et de l'acide chromique modifient considérablement le pouvoir osmotique; l'acide sulfurique le diminue, le tannin et l'acide chromique surtout l'augmentent dans de très fortes proportions. Le sublimé corrosif, la soude, la potasse agissent de la même façon.

C'est principalement avec ces membranes qu'on a constaté l'influence de l'épaisseur sur l'intensité de l'osmose; on a pu établir une certaine proportionnalité, mais elle n'est pas absolue. Dans certains cas, elle existe d'une manière très nette; dans d'autres, elle est loin d'être aussi manifeste. En général, on peut admettre que les membranes animales *agissent d'autant mieux qu'elles sont plus minces.*

Les membranes fraîches agissent d'une manière toute particulière, dont j'ai donné un aperçu en faisant l'historique des travaux de Matteucci et Cima.

Avec ces membranes, le courant osmotique varie d'intensité et quelquefois de sens, suivant la position de la membrane relativement aux liquides.

Ce même phénomène a été trouvé par M. Gayon dans la membrane de la coque. Cette membrane se prête très facilement à l'étude, aussi c'est elle que je recommande à ceux qui veulent répéter ces expériences. Je donne un tableau comme exemple du phénomène; je le choisis parmi les nombreuses expériences que j'ai faites à ce sujet : j'avais mis à l'intérieur de l'osmomètre de l'eau sucrée à 20 p. 100.

HEURES D'OBSERVATION	FACE EXTERNE en contact avec eau.	FACE INTERNE en contact avec eau sucrée.
10h 1m..............	40	12
10 2	48	11
10 3	58	10
10 4	67	10
10 5	77	10
10 6	87	10
10 7	97	10
10 8	106	10
10 9	116	10
10 10	125	10

Lorsque l'eau est en contact avec la face externe, l'ascension est très rapide, puisque dans une minute elle est de 10 millimètres dans un tube dont le diamètre était de 1 millimètre à peu près. On voit que lorsque l'eau est en contact avec la face interne, non seulement l'osmose est moins rapide, mais qu'elle est même négative. C'est un fait que j'ai toujours constaté avec une solution sucrée à 20 p. 100.

Avec la peau de grenouille, les résultats sont absolument analogues, quoique beaucoup moins rapides. Dans le tableau suivant, je n'ai consigné que les hauteurs prises toutes les demi-heures, l'osmose étant très lente : le liquide intérieur était de l'alcool.

HEURES D'OBSERVATION	FACE INTERNE en contact avec eau.	FACE EXTERNE en contact avec eau
9ʰ30ᵐ..............	35	42
10 »	34	44
10 30	33	46
11 »	33	48
11 30	33	50
12 »	32	52
12 30	32	54
1 »	31	56
1 30	31	58
2 »	31	59
2 30	31	61

Le niveau baisse lorsque la face interne est en contact avec l'eau et que, par conséquent, la face externe touche l'alcool; mais on voit, d'après ce tableau, que la variation du niveau s'arrête bientôt. Dans l'autre cas, au contraire, l'eau mouillait la face externe et l'alcool la face interne : l'ascension du liquide dans le tube osmométrique fut extrêmement régulière et continue. Je pourrais citer des tableaux analogues obtenus avec la peau d'anguille; ceux que j'ai donnés suffisent pour permettre de se faire une idée du phénomène.

Cette différence dans le pouvoir osmotique est intimement liée à l'état physiologique de la membrane. Toutes les membranes employées, les peaux, les muqueuses de différents organes, sauf la membrane de la coque, perdent très rapidement cette propriété : la peau d'anguille, en particulier, devient impropre à la manifester au bout de 36 ou 48 heures. Mais l'altération due à la décomposition chimique spontanée n'est pas la seule qui détruise cette propriété; je puis dire que toute modification produite dans cette membrane la détruit plus ou moins complètement.

M. Merget a démontré qu'il existe une grande quantité
d'air dans les tissus animaux, et cela, non seulement chez
les animaux aériens, mais aussi chez ceux qui vivent
constamment sous l'eau. J'ai recherché si cet air pouvait
avoir une influence sur le phénomène que nous étudions.
J'ai écorché une anguille sous l'eau ; j'ai monté plusieurs
osmomètres avec la peau, placée tantôt dans un sens, tantôt
dans un autre. Une paire d'osmomètres ainsi montés a été
soumise à un vide très imparfait à l'aide d'une mauvaise
machine pneumatique. Une autre paire a été plongée dans
l'acide carbonique et mise ensuite dans l'eau pendant
quelques heures. Une autre paire n'a pas été modifiée : elle
servait de terme de comparaison. Puis tous les osmomètres
ont été remplis au même moment avec de l'alcool ordinaire.

Le tableau suivant indique le trouble profond apporté
par le vide et par l'acide carbonique.

HEURES d'observation.	PEAU D'ANGUILLE naturelle.		PEAU D'ANGUILLE soumise au vide.		PEAU D'ANGUILLE traitée par CO².	
	Face externe en contact avec eau.	Face interne en contact avec eau.	Face externe en contact avec eau.	Face interne en contact avec eau.	Face externe en contact avec eau.	Face interne en contact avec eau.
	A	B	A'	B'	A''	B''
9h »	78	78	78	78	78	78
9 30m....	80	81	78	77	78	82
10 » ...	81	82	78	76	78	86
10 30	82	81	78	76	77	90
11 »	pas observé.	pas observé.	pas observé.	pas observé.	pas observé.	pas observé.
11 30	»	»	»	»	»	»
12 »	83	86	78	76	73	91
12 30	83,5	87	78	76	73	96
1 »	84	88	79	78	72	97
1 30	84	89	80	79	72	99
2 »	85	90	81	80	73	102
2 30	86	91	82	80	74	104
3 »	86	93	83	80	74	105,5
3 30	87	94	84	80	74,5	107,5

Ce tableau démontre clairement que le phénomène a été profondément modifié par l'altération que le vide et l'acide carbonique ont apportée dans cette membrane. On voit en effet qu'au lieu d'être positive comme en A, elle est nulle en A' et ne devient positive que trois ou quatre heures plus tard; en A″ elle est nulle tout d'abord, devient ensuite négative, puis au bout de plusieurs heures redevient positive.

En B l'ascension est positive, plus manifeste et plus régulière qu'en A; en B' elle est négative d'emblée, devient positive au bout de quelques heures, mais est moins considérable et moins régulière qu'en A'; enfin en B″ l'ascension est beaucoup plus rapide qu'en A″ et qu'en B.

La peau de grenouille m'a fourni les mêmes résultats.

L'acide carbonique n'est pas la seule substance qui trouble ainsi le phénomène; les acides en solution faible agissent de même; l'alcool fort a une action analogue.

Pour la membrane de la coque, il est vrai, aucune des substances employées, sauf la potasse caustique, n'a pu troubler le phénomène. Après avoir soumis au vide une membrane de la coque, après l'avoir mise à tremper dans de l'eau surchargée d'acide carbonique, le phénomène s'est toujours passé de la même manière. Comme on le sait, la dessiccation elle-même ne peut l'altérer.

Donc, à part cette dernière membrane, on peut dire, *qu'une modification quelconque apportée dans la composition ou la nature d'une membrane animale en altère profondément les propriétés relativement au phénomène découvert par Matteucci.*

Presque toutes les membranes employées à l'état frais, c'est-à-dire physiologique, ont reproduit ce phénomène, mais sans la moindre régularité. Je m'explique: telle membrane aura le courant le plus fort, lorsque sa face externe se trouvera en contact avec l'eau; telle autre au contraire favorisera le courant lorsqu'elle aura sa face interne mouillée par l'eau. — Bien plus, pour a même

membrane le courant sera favorisé dans tel ou tel sens
suivant les liquides employés. Des faits connus jusqu'à
aujourd'hui, il n'est pas permis d'établir une loi générale,
peut-être ne le pourrait-on jamais.

4° *Membranes artificielles*. — On peut établir une division
entre le grand nombre de membranes artificielles que
l'on peut employer. Les unes, comme celles que nous
étudierons ultérieurement, peuvent présenter des tubes
capillaires, des orifices plus ou moins considérables;
d'autres au contraire, et ce sont les plus intéressantes à
étudier, ne présentent ni trous accidentels ni tubes
capillaires. Ces dernières se rapportent toutes aux mem
branes de Traube; aussi, est-ce sous le nom de *membranes
de précipitation* que je les étudierai. La connaissance des
faits qui s'y rattachent est fort importante au point de vue
de la physiologie générale.

Dans le premier groupe nous pouvons comprendre le
taffetas gommé, les lames de caoutchouc, le papier parche
min, la baudruche, le collodion.

Le taffetas gommé, pas plus qu'une lame de caoutchouc,
ne permet l'osmose entre l'eau et une substance saline
quelconque; par contre, elle permet l'osmose de l'alcool
vers l'eau, du sulfure de carbone vers l'alcool. Dans ce
dernier cas, il faut éviter la déformation du caoutchouc
sous l'influence du sulfure de carbone.

Le papier parchemin agit absolument comme les
membranes végétales. Avec lui les solutions acides, à quelque titre qu'elles soient, présentent toujours un courant
dirigé de l'eau vers l'acide, sauf l'acide oxalique qui
présente un terme moyen. La baudruche, au contraire,
agit comme les membranes animales sèches.

Le papier parchemin et la baudruche se laissent facilement
modifier et présentent alors une particularité fort intéressante.

Il ne faudrait pas croire que les membranes animales et végétales fraîches fussent les seules qui favorisent le courant, suivant le sens dans lequel elles sont placées. Quelques membranes artificielles, modifiées d'une certaine manière, donnent lieu à un phénomène absolument analogue.

Les expériences qui suivent m'ont été inspirées par mon maître, M. Gayon. Déjà, depuis longtemps, il avait eu l'occasion de les commencer; mais, obligé de laisser pour un certain temps ce genre de recherches, il a bien voulu m'abandonner cette étude en me faisant part des résultats auxquels il était arrivé.

Mes premiers essais ont porté sur la baudruche, plâtrée sur une face. Voici comment il faut opérer pour bien réussir : c'est le procédé qui m'a été indiqué par M. Gayon. On étend avec soin une baudruche sur une plaque en bois ou mieux sur une lame de verre; puis, on coule dessus du plâtre gâché, de manière à avoir une couche de 5 à 6 millimètres d'épaisseur. On laisse le plâtre se prendre, et 12 à 24 heures après, on peut l'enlever. Il faut le faire avec beaucoup de précautions; pour cela, on doit retourner la plaque de plâtre et détacher la baudruche, en ayant bien soin de ne pas enlever la couche très mince de plâtre qui reste adhérente. On obtient ainsi une feuille de baudruche *plâtrée* sur une de ses faces.

Avec cette baudruche, j'ai monté deux osmomètres semblables, de telle sorte que dans l'un la face plâtrée fût en dedans, dans l'autre en dehors. Je les ai remplis tous les deux d'une solution sucrée à 20 0/0. Le tableau suivant indique les résultats obtenus.

HEURES D'OBSERVATION	SURFACE PLATRÉE en contact avec eau sucrée.	SURFACE PLATRÉE en contact avec eau.
9h 30m	50	50
9 35	53	56,5
9 40	63,5	71,5

HEURES D'OBSERVATION	SURFACE PLATRÉE en contact avec eau sucrée.	SURFACE PLATRÉE en contact avec eau.
9 45	75	90,5
9 50	85	104
9 55	97,5	116
10 »	107,5	134
10 5	120	154
10 10	133	173
10 15	146	196
10 20	162	220,5
10 25	178	245
10 30	195	269

L'ascension était très rapide dans les deux cas; mais beaucoup moins lorsque l'eau était en contact avec la face non plâtrée. Cette différence, si nette au début, ne fit que s'accentuer; le liquide de la seconde colonne s'éleva jusqu'au sommet du tube osmométrique, et s'épancha au dehors; l'autre ne parvint jamais à l'extrémité de ce tube.

Ces résultats coïncident absolument avec ceux obtenus par M. Gayon.

J'ai essayé l'action de diverses substances et j'ai obtenu des résultats semblables. Ainsi, avec la chaux, le courant est favorisé lorsque l'eau mouille la face modifiée, le liquide intérieur étant toujours une solution de sucre à 20 0/0.

Le tannin, le bichlorure de mercure, employés comme modificateurs, agissent mais d'une façon inverse; c'est-à-dire qu'avec eux le courant est favorisé lorsque l'eau mouille la surface non modifiée. Ce sont des modificateurs chimiques très puissants, et il est probable que toutes les substances analogues agissent de la même manière. J'ai modifié une des faces de la baudruche avec de la suie un peu grasse; je n'ai obtenu aucun courant osmotique, ce qui, du reste, ne m'a pas surpris, puisque la membrane n'était pas mouillée. Mais, en substituant l'alcool à la solution sucrée, le courant était favorisé lorsque l'eau était en contact avec la face non modifiée.

Le papier parchemin m'a donné des résultats en tout semblables. Aussi, ne m'y arrêterai-je pas.

J'ai obtenu une membrane modifiée en parcheminant une face seule de papier non gommé. Il faut avoir soin d'aller avec beaucoup de rapidité dans cette opération, si l'on veut que l'expérience réussisse bien.

Ces expériences sont intéressantes en ce sens qu'elles démontrent que les membranes organisées fraîches ne sont pas les seules à favoriser le courant suivant leur position. Déjà les expériences de M. Gayon sur la membrane de la coque avaient démontré que cette propriété ne tient pas le moins du monde à l'état physiologique de la membrane. Celles-ci viennent démontrer que cette propriété est indépendante de la structure organique de la membrane.

Les membranes par précipitation, obtenues pour la première fois par Traube, se produisent toutes les fois que l'on met en présence deux liquides capables de produire un précipité amorphe, dont les intervalles moléculaires sont assez petits pour ne pas permettre le passage des molécules des deux corps membranogènes. Ces membranes peuvent s'obtenir soit avec des corps pectiques, comme la gomme, la gélatine, etc., soit avec des corps non pectiques, comme les sels de plomb, l'acétate de cuivre, etc. Si l'on jette un cristal d'acétate de cuivre dans une solution de ferrocyanure de potassium, immédiatement on le voit se recouvrir d'une pellicule verte et irisée qui affecte une forme plus ou moins arrondie. Cette pellicule se distend, s'accroît et peut atteindre des dimensions considérables.

Ce mode de production et d'accroissement rappelle de la façon la plus complète le mode d'accroissement de la cellule vivante. C'est en cela surtout que ces phénomènes sont intéressants. Voici ce qui se passe : la couche la plus superficielle d'acétate de cuivre, se trouvant en contact

avec la solution de ferrocyanure de potassium, se trans-
forme en une pellicule extrêmement mince de ferrocyanure
de cuivre, pellicule qui protège l'acétate de cuivre intérieur.
Il se forme ainsi une cavité absolument close, où ne peut
exister une ouverture aussi petite qu'elle soit, parce
qu'immédiatement elle serait obturée par la formation
de ferrocyanure de cuivre. Dans l'intérieur existe une
solution concentrée d'acétate de cuivre, et à l'extérieur une
solution étendue de ferrocyanure potassique. Un courant
osmotique s'établit entre les deux, la membrane se distend
par l'effet de l'augmentation de pression dans l'intérieur de
la cavité. Par cette distension ses molécules s'écartent et
les intervalles moléculaires laissent passer une molécule
de ferrocyanure de potassium et une molécule d'acétate de
cuivre, au contact desquelles il va se former une molécule
de ferrocyanure de cuivre, cette molécule viendra s'inter-
caler entre les deux molécules primitives. La membrane
s'accroîtra ainsi indéfiniment tant qu'il existera dans son
intérieur de l'acétate de cuivre.

Si nous enlevons ce sel et si nous le remplaçons par une
solution gommeuse, nous verrons la membrane devenir
turgescente mais cesser de s'accroître; c'est qu'il ne peut
plus se former de molécules de ferrocyanure de cuivre.
C'est ainsi que l'on explique actuellement le phénomène
que présentent les cellules de Traube. Ce mode d'accroissement a reçu le nom d'*intussusception*. Il y aurait assurément
beaucoup à dire tant sur la formation de la membrane que
sur le passage des liquides. Certainement les lois établies
par Traube et adoptées par les physiciens et les physiologistes sont de la plus grande simplicité; mais rendent-elles
compte de tous les faits? Ne sont-elles même pas en
désaccord complet avec ce qui se passe réellement? Je n'ai
pas assez d'expériences personnelles pour pouvoir les attaquer avec fruit. Cependant, en m'appuyant sur l'autorité

de Pfeffer, et me servant précisément des expériences de Traube, je puis dire que ces lois ne sont pas générales.

Il est certain ou au moins probable que le précipité produit par deux substances ne doit pas être nécessairement amorphe, pour que la formation d'une membrane puisse avoir lieu. Je ne citerai, pour le démontrer, qu'un seul fait : c'est l'action qu'exercent certaines de ces membranes sur la lumière polarisée. Jusqu'ici les substances *amorphes* ont été regardées comme n'ayant aucun pouvoir sur la polarisation de la lumière.

Puis, comme le fait judicieusement remarquer Pfeffer, on ne peut pas admettre que les interstices moléculaires de la membrane soient plus petits que les molécules des corps *membranogènes*. C'est plutôt le contraire qui doit avoir lieu. Il serait en effet absolument impossible de se rendre compte de l'épaisseur de la membrane : dès qu'une première couche de molécules se serait produite sous forme de précipité, il ne pourrait s'en produire de nouvelles qu'entre les molécules primitives.

On connaît déjà la curieuse propriété qu'ont les membranes de laisser passer certains sels, d'en arrêter d'autres. C'est un fait fort intéressant au point de vue physiologique et sur lequel nous reviendrons.

Plusieurs procédés peuvent être employés pour la production des membranes par précipitation. Le plus simple, celui de Traube, consiste à prendre au bout d'une baguette en verre une goutte de l'un des liquides, à la laisser se concentrer à l'air libre et à la plonger ensuite dans l'autre liquide; il se produit aussitôt une membrane extrêmement mince d'abord qui va en s'épaississant de plus en plus; on a alors une *véritable cellule*. Un autre procédé préférable au précédent en ce qu'il permet de mieux étudier le phénomène, consiste à prendre une grosse goutte de l'un des liquides au bout d'un tube de verre assez large et ouvert à ses deux extrémités. On la plonge alors dans l'autre liquide et il se produit une membrane.

Mais tous ces procédés ne permettent pas de produire des membranes de précipitation sur une large étendue. — Pfeffer a imaginé un procédé qui consiste à produire une membrane de précipitation dans les pores d'un vase de pile. Voici son mode opératoire : il prend un vase de pile bien propre, il l'imbibe complètement d'eau en faisant passer ce liquide sous pression à travers les pores du vase, puis il le plonge dans une solution d'acétate de cuivre. Lorsqu'il juge le vase bien imbibé de ce dernier sel, il le retire, l'essuie avec soin et, avant qu'il ait eu le temps de se dessécher, il le porte dans une solution étendue de ferrocyanure de potassium. Peu à peu ce sel pénètre dans les pores du vase, se met en contact avec les molécules d'acétate de cuivre et forme un précipité de ferrocyanure de cuivre. Ce procédé a incontestablement l'avantage d'obtenir des membranes aussi étendues que l'on voudra; mais il a aussi le sérieux inconvénient de les obtenir mélangées à une substance qui elle-même est douée d'un pouvoir osmotique très net. Aussi ne pourra-t-on jamais attribuer avec certitude le courant ou les effets obtenus aux membranes par précipitation. Du reste, les expériences de Traube nous ont appris que les membranes *infiltrées*, c'est-à-dire chargées de molécules inertes, comme de sulfate de chaux et de baryte, ne jouissent plus de la faculté de s'accroître. On conçoit donc que ces matières étrangères doivent nuire au phénomène; aussi, je le répète, on ne saurait assez se méfier des résultats obtenus avec les membranes de précipitation ainsi produites.

Comment se fait l'osmose à travers ces membranes? on peut l'expliquer de deux manières :

1° Les deux liquides s'attirent à travers la membrane qui est extrêmement mince;

2° Les deux liquides imbibent inégalement cette membrane.

Il est difficile de savoir celle des deux explications qui est la vraie; elles le sont peut-être toutes deux. Cependant, vu l'épaisseur souvent considérable de ces membranes, je crois que la première de ces explications peut être récusée. Certainement les attractions moléculaires ont souvent une force énorme; mais elles ne s'opèrent jamais à une aussi grande distance. Il est vrai que la seconde explication ne concorde pas avec les idées admises aujourd'hui sur le passage des molécules salines à travers les membranes. Mais j'ai dit ce que ces idées avaient de trop absolu; il ne faudrait donc pas s'en servir pour condamner sans appel une explication qui, si elle n'est pas la vraie, a au moins le mérite de rattacher ce phénomène à ceux que l'on observe avec les autres membranes.

CONCLUSIONS

On peut déduire quelques conclusions importantes des faits que je viens de rapporter dans ce rapide exposé de l'action des membranes sur le courant osmotique.

1° Toutes les membranes n'agissent pas de la même façon.

2° Le pouvoir osmotique ne dépend aucunement de l'organisation de la membrane.

3° La membrane pour produire un courant osmotique doit être mouillée par les liquides que l'on veut faire osmoser.

4° L'état de la membrane influe considérablement sur le phénomène.

5° Dans certains cas les membranes jouissent de la propriété de favoriser le courant d'après le sens suivant lequel on les a placées.

Électricité dégagée pendant le phénomène osmotique.

On se souvient que dès le début on a voulu voir dans l'électricité la cause du courant osmotique; on s'appuyait pour cela sur les expériences de Porret et de Wiedeman, expériences qui, je l'ai démontré, ne se rapportent en rien aux phénomènes osmotiques. — Mais en dehors de ces expériences on a constaté de la manière la plus certaine qu'il y a production d'électricité pendant le phénomène de l'osmose. Pour s'en convaincre, il suffit de faire communiquer l'une des bornes de l'électromètre capillaire avec le liquide contenu dans l'intérieur de l'osmomètre et l'autre avec le liquide extérieur. Il faut avoir soin d'établir cette communication avec des fils de platine, sans quoi le phénomène serait troublé par l'action chimique qu'exerceraient les liquides sur les fils. On constate alors très nettement une déviation de la colonne mercurielle, déviation qui persiste tant que dure le phénomène.

Mais il était utile de savoir si le courant électrique était dû au phénomène de l'osmose seul ou s'il ne dépendait pas en totalité ou en partie du phénomène de diffusion. J'ai montré, en effet, que le fait de la diffusion produit un courant électrique, courant souvent fort intense, mais dont la direction varie suivant l'effet thermique produit.

Le développement d'électricité paraît être dû à la même cause dans le cas où les deux liquides sont séparés par une membrane. L'effet électrique est absolument *indépendant du sens du courant osmotique*, résultat qui concorde avec celui obtenu par la diffusion. De plus, si nous comparons l'intensité relative du courant produit avec les mêmes solutions, d'une part en les faisant diffuser, d'autre part en les faisant osmoser, nous constatons qu'elle est la même à peu

10

de chose près. Le tableau suivant permet ce rapprochement : l'intensité indiquée est l'intensité maximum produite.

SUBSTANCES	COURANT PRODUIT par diffusion.	COURANT PRODUIT par osmose.
Chlorure de sodium............	— 3	— 2
Chlorhydrate d'ammoniaque...	— 8	— 6
Azotate de plomb............	— 5	— 5
Sulfate de sodium............	+ 1	+ 1,5
Azotate de cuivre............	— 10	— 9
Chlorure de calcium..........	+ 8	+ 7

La membrane employée était un fragment de baudruche; les signes doivent être interprétés de la même manière que pour la diffusion : le signe (+) indiquant que le courant va du sel vers l'eau, le signe (—) qu'il va en sens inverse.

L'intensité relative du courant électrique paraît être à peu près la même que celle produite par la diffusion; il y a cependant une légère différence qui semble tenir à l'action chimique des substances sur la membrane. Ce qui le démontre, c'est le trouble profond que l'on observe dans l'effet électrique lorsqu'on fait osmoser des substances qui exercent une action énergique sur la membrane. Ainsi, le chlorure de zinc ne donnera pas lieu à un courant positif, mais au contraire à un faible courant négatif. Ces résultats, il me semble, présentent un certain intérêt puisqu'ils permettent de démontrer le peu de fondement de la théorie électro-chimique de l'osmose.

J'ai fait, du reste, une autre série d'expériences. J'ai monté (*fig. 5*, p. 151) deux osmomètres absolument semblables, je les ai remplis avec la même quantité de dissolution saline, puis je les ai plongés dans des quantités égales d'eau distillée. Évidemment les effets osmotiques et électriques devaient être les mêmes : j'ai constaté que le courant était positif, qu'il allait par conséquent du sel vers l'eau. J'ai fait alors communiquer ensemble l'intérieur des deux osmomètres, j'ai de même établi une communication entre les deux liquides extérieurs : il ressort de la figure même que les courants vont en sens inverse et que par suite ils doivent se détruire. L'osmose n'en a pas moins eu lieu, elle s'est faite également bien dans les deux osmomètres. Donc, les phénomènes osmotiques sont des phénomènes qui ne dépendent pas de l'électricité.

Fig. 5.

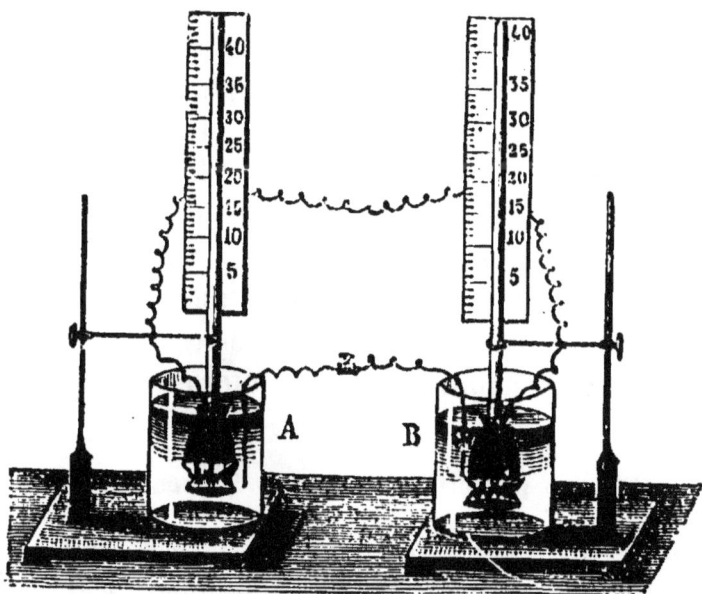

Par le fait du mélange de deux liquides différents, il se fait donc un dégagement électrique; mais il se produit aussi, à n'en pas douter, un effet thermique qui, à lui seul, permet de se rendre compte du phénomène électrique.

CONCLUSIONS GÉNÉRALES.

Les phénomènes de l'osmose dépendent donc et des liquides et des membranes qui les séparent. En vertu de leur affinité propre, ces liquides de nature différente tendent à se mélanger, et ils le feraient complètement si un septum ne venait porter un obstacle qui retarde ce mélange. — Comment expliquer le fait de l'accroissement de volume de l'un des liquides et de la diminution de l'autre ? Sans vouloir anticiper sur ce que je vais développer tout à l'heure, je puis dire que d'une manière générale on doit considérer la membrane comme empêchant le passage de l'un des liquides. Si les mélanges pouvaient s'effectuer librement, comme dans le cas de la diffusion, il n'y aurait pas changement de volume; mais la membrane laissant passer moins de l'un des liquides que de l'autre, il s'ensuit que le mélange s'effectuera plus facilement d'un côté que de l'autre : d'où l'augmentation de volume.

C'est là un fait qui a été admis par tous les physiciens et les physiologistes qui se sont occupés de la question; quelques-uns, cependant, comme Béclard, ont voulu ne faire dépendre l'osmose que des liquides. Du reste, j'ai expliqué avec assez de détails les diverses théories qui ont eu cours. Je vais maintenant les discuter en quelques mots.

Discussion des principales théories émises sur l'osmose.

On peut diviser les nombreuses théories qui ont été émises au sujet de l'osmose en deux grandes classes. L'une comprendra les théories où le phénomène a été attribué uniquement à l'action des liquides l'un sur l'autre : les théories des densités et des chaleurs spécifiques sont les seules qu'elle puisse comprendre. Dans l'autre, nous rangerons toutes les théories où l'on fait intervenir l'action de la membrane : on y comprendra la théorie de la capillarité, la théorie de l'imbibition, celle de Brücke et enfin la théorie électro-chimique de Graham.

La théorie de la densité, émise d'abord par Dutrochet, abandonnée par cet auteur et reprise ensuite par Magnus, tombe devant ce fait que ce n'est pas toujours le liquide le moins dense qui osmose vers le plus dense. Ainsi, les solutions des sels acides osmosent vers l'eau. L'eau elle-même osmose dans certains cas vers l'alcool.

La théorie de Béclard sur les chaleurs spécifiques est certainement très ingénieuse; mais on ne voit pas bien ce que vient faire la chaleur spécifique dans le phénomène de l'osmose; on ne voit pas pourquoi le liquide, dont la chaleur spécifique est la plus forte, osmose vers celui dont la chaleur spécifique est plus faible. Lorsque les deux liquides sont séparés par une membrane, lorsqu'ils sont librement superposés, ils devraient se mélanger également. Il faut, de toute nécessité, admettre que la membrane a une certaine action, que, si l'on veut, elle permet plus facilement le passage du liquide dont la chaleur spécifique est la plus grande; mais admettre que la membrane ne fait que troubler le phénomène de l'osmose, me paraît illogique, puisque, d'après la définition même que l'on en donne, elle est absolument nécessaire à la production du phénomène.

Il est certain que l'eau et l'alcool, séparés par une membrane animale, présentent un courant dirigé de l'eau vers l'alcool; mais si on les sépare par une lame de caoutchouc, le courant se fera de l'alcool vers l'eau : la loi des chaleurs spécifiques n'est donc pas observée.

Béclard dit, il est vrai, que ce résultat est dû à l'action de la membrane qui trouble le phénomène. Soit; mais, alors, il faut qu'il définisse l'osmose : *le phénomène qui se passe lorsqu'on sépare deux liquides par une membrane animale.* Il faut encore qu'il indique la membrane employée; car il est bien certain que toutes n'agissent pas de la même façon. Et alors il faudra donner un autre nom au phénomène que présentent deux liquides séparés, soit par une membrane de caoutchouc, soit par une membrane végétale, soit par une plaque minérale poreuse, etc., etc., etc... Il y aura autant de phénomènes particuliers que de membranes différentes.

Parmi les théories de la seconde classe, c'est-à-dire celles qui attribuent à la membrane un rôle fort important, les unes sont chimiques, les autres purement physiques, d'autres enfin sont à la fois et physiques et chimiques. Parmi ces dernières, nous citerons la théorie électro-chimique de Graham. Les théories de Poisson, de Lhermite, de Magnus, celle de Becquerel et de Dutrochet et celle de Brücke sont absolument physiques. Celle de Liebig, au contraire, est d'ordre chimique.

J'ai exposé la théorie de Poisson; je n'y reviens qu'autant qu'il le faut pour la discuter. Elle a le mérite d'exposer très clairement le phénomène; mais elle admet l'existence de tubes capillaires dans l'intérieur de la membrane, ce qui n'est pas prouvé dans tous les cas; surtout elle ne tient pas compte d'un facteur important, du double courant osmotique qui existe presque toujours. Ce fait à lui seul suffit pour infirmer complètement cette théorie.

Les mêmes raisons renversent la théorie de Magnus et celle de Lhermite. Cette dernière, du reste, n'est qu'une modification de la théorie de Poisson. Celle de Magnus se réfute encore très facilement par ce fait que ce n'est pas le liquide le moins dense qui osmose vers le plus dense : l'osmose de l'eau vers l'alcool, des solutions acides vers l'eau, en sont des exemples bien connus.

Becquerel admet une théorie mixte : il adopte en partie la théorie de Poisson, mais fait intervenir l'action de l'électricité. On se souvient, en effet, que, pour cet auteur, le mélange de molécules hétérogènes produit un courant électrique, courant qui va de l'eau vers le sel et qui, par conséquent, transporte vers ce dernier les molécules d'eau. — La première partie est réfutée par ce que j'ai dit plus haut; la seconde a du vrai. Becquerel n'a pas voulu

attribuer à l'électricité une action prépondérante; il a
voulu seulement établir que l'électricité pouvait agir en
favorisant le phénomène de l'osmose, ce qui est incontestable. Mais il faut aussi remarquer que ce n'est point là
une théorie; ce n'est que l'explication d'un phénomène
de minime importance dans l'osmose.

Dutrochet avait bien compris que l'existence d'un double
courant était incompatible avec la théorie capillaire proprement dite; il ne l'abandonne cependant pas. Pour lui,
le phénomène de l'osmose est attribuable en grande partie
à la différence d'ascension des deux liquides dans les tubes
capillaires. Tous les liquides, d'après Dutrochet, ne s'élèvent pas de la même quantité : l'eau est celui qui s'élève le
plus. Pour Dutrochet, c'est le liquide *qui s'élève le plus dans
est tubes capillaires qui osmosera vers le liquide qui s'élève moins.*
L'auteur indique avec beaucoup de bonne foi un exemple
qui infirme sa théorie : c'est le passage des acides vers l'eau;
c'est assurément un argument sérieux; il en est d'autres
encore qui ne sont pas de moindre importance. D'abord,
cette théorie n'explique pas le phénomène de l'osmose; car
elle ne permet pas de se rendre compte de l'existence d'un
double courant. On peut admettre que le liquide dont
l'ascension est la plus facile osmosera vers celui dont
l'ascension l'est moins; mais, pourquoi ce dernier osmosera-
t-il vers le liquide qui s'élève plus facilement dans les
capillaires? On dira bien que ce courant d'exosmose se
fait par certains tubes capillaires qui auront été plus tôt
remplis par le liquide le moins ascendant; mais on pourra
alors demander comment il se fait que le courant du
liquide le plus ascendant vers le moins ascendant soit
toujours le plus fort. Ne pourra-t-il jamais arriver que
le liquide le moins ascendant ait rempli d'emblée un grand
nombre de tubes capillaires et que, par conséquent,
l'osmose de ce dernier vers le plus ascendant soit plus

intense que le courant inverse? D'ailleurs, alors même que
nous aurions eu le soin d'imbiber la membrane avec le
liquide le moins ascendant et d'en remplir, par conséquent,
tous les tubes capillaires, nous constaterions que le courant
vers ce liquide est toujours le plus fort. Du reste, toutes
les membranes ne présentent pas de tubes capillaires; car
on ne peut regarder comme tels les interstices moléculaires
dont nous ne connaissons aucune des propriétés. Il est
un autre argument que· l'on peut opposer à Dutrochet et
qui ressort d'expériences faites par Graham. Cet auteur a
essayé de mesurer la hauteur à laquelle les différents
liquides s'élèvent dans les tubes capillaires; il constate que
les hauteurs sont en effet très différentes suivant que l'on
emploie de l'eau ou des solutions salines très concentrées.
L'eau s'élève plus que tous les autres liquides, mais si l'on
emploie des solutions assez faibles, capables toutefois de
produire un courant osmotique très manifeste, on constate
que l'ascension est à peu près la même que pour l'eau,
souvent même qu'elle est égale.

Dutrochet adopta pendant un certain temps la théorie de
la viscosité. Pour lui le liquide le moins visqueux devait
osmoser vers le plus visqueux. Mais il vit bientôt qu'il n'en
est pas toujours ainsi : la solution d'acide oxalique, par
exemple, qui est plus visqueuse que l'eau, osmose vers ce
liquide. Lhermite, il est vrai, est revenu sur cette théorie
et il a prétendu que la solution d'acide oxalique, loin d'être
plus visqueuse que l'eau, l'est beaucoup moins et qu'elle
passe plus facilement à travers les tubes capillaires. Quoi
qu'il en soit, il est bien certain que la théorie de la viscosité ne peut être admise, puisque, suivant les membranes
interposées, tantôt l'eau osmose vers l'alcool, tantôt l'alcool
vers l'eau.

De toutes les théories précédentes aucune certainement
ne vaut la théorie de Brücke, théorie qui, nous l'avons vu

dans l'historique, a eu le mérite d'être admise par un grand nombre de savants. Il est incontestable qu'elle suffit pour expliquer tous les phénomènes produits ; malheureusement elle s'appuie sur une foule d'hypothèses qui sont loin d'être démontrées. Brücke admet comme principe fondamental l'existence de tubes capillaires, or déjà j'ai montré à plusieurs reprises qu'il n'en existe pas toujours. Cet auteur admet en outre que ces tubes capillaires sont tra‿ ‿s par deux courants, l'un intérieur formé par les deu‿ ‿iquides qui se mélangent par diffusion et qui n'est pas soumis à l'action du tube capillaire, l'autre, externe par rapport au précédent, accolé aux parois du tube capillaire et qui seul en subit l'action. C'est ce courant qui détermine l'augmentation de volume de l'un des liquides ; l'autre produit le second courant que l'on constate.

Cette théorie est vraiment séduisante ; mais, je le répète, ses bases sont purement hypothétiques. Comment admettre en effet l'existence de ce double courant dans l'intérieur du tube capillaire ? a-t-il pour lui l'ombre d'une expérience ? Il me semble, au contraire, qu'il est bien difficile d'admettre dans des tubes aussi fins l'existence à leur centre d'une colonne liquide non soumise à l'action attractive ou répulsive des parois. J'avoue que je ne comprends pas alors le fait de l'osmose à travers une membrane mouillée par un seul liquide : l'alcool et l'eau, par exemple, à travers le caoutchouc. Comment dans les tubes capillaires de cette membrane les deux courants n'existent-ils pas ? Le fait de la répulsion des molécules d'eau par les molécules de caoutchouc ne peut être admis, puisque, d'après Brücke, il existe une zone intérieure où cette action ne se fait pas sentir. Dans tous les cas, il devrait y avoir double courant : c'est ce que l'on ne constate pas.

Du reste, cette théorie est fort ingénieuse ; elle rend compte de beaucoup de faits ; de grands savants l'ont adoptée,

beaucoup l'adoptent encore aujourd'hui, mais les arguments
que je viens de soulever contre elles m'empêchent de
l'accepter d'une manière absolue, et je crois qu'il faut
chercher ailleurs que dans la capillarité la cause du courant
osmotique.

Graham admet, on s'en souvient, une tout autre cause
pour les phénomènes de l'osmose. A part l'osmose de
l'alcool, du sucre, de sulfate de magnésie qu'il attribue à
leur pouvoir diffusif, il rapporte tout aux phénomènes
chimiques qui se passent dans les membranes. Les bases
attaquent énergiquement la membrane et produisent un
courant de l'eau vers elle. L'action chimique des acides
étant inverse, le courant qu'ils produisent est dirigé en sens
inverse. Dans l'osmose des sels il faut tenir compte de la
décomposition qui s'opère toujours dans la membrane, l'acide
allant vers une face et la base vers l'autre : c'est là ce qui
détermine le courant. Le transport est expliqué par le
dégagement d'électricité produit par cette réaction chimique.
Cette théorie est très compliquée et ne rappelle en rien celles
que nous avons vues jusqu'ici. Cependant, elle n'a pas été
adoptée et son auteur a été seul à la défendre. Elle pourrait
paraître vraie si les différentes substances se comportaient
toujours de la même façon, si toujours, par exemple,
l'acide présentait un courant vers l'eau; mais l'on sait qu'il
n'en est rien. D'ailleurs, une conclusion logique de cette
théorie est que si l'on sépare par une membrane une
solution d'acide et une solution de base, on aura nécessairement un courant osmotique dirigé de l'acide vers la base.
Or, Lhermite a parfaitement fait osmoser une solution
aqueuse de potasse vers une solution alcoolique d'acide; et
pourtant, dans ce cas la base et l'acide agissaient sur les
deux faces de la membrane. Magnus, comme on l'a vu, a
fait osmoser l'une vers l'autre deux solutions d'acétate de

potasse à des titres différents : l'action chimique était bien la même sur les deux faces. Cet auteur, en faisant osmoser l'une vers l'autre des solutions d'acétate de potasse et de sulfate de la même base, a constaté que le sens du courant osmotique changeait avec la densité des solutions.

D'ailleurs, quoi de plus hypothétique que cette décomposition des sels en acide et en base dans l'intérieur de la membrane ? Certainement il y a des sels qui subissent cette décomposition; mais il y en a beaucoup qui passent inaltérés. Quant à l'explication que Graham veut donner à l'aide de la théorie du fait de Matteucci et Cima, elle est absolument inadmissible, car elle ne peut pas être appliquée au cas de la membrane de la coque et de l'eau sucrée, cas où l'on ne peut admettre une réaction chimique. Je passe maintenant à l'examen des théories basées sur des lois chimiques. Il n'y a que celle de Liebig.

Liebig, on l'a vu, admet comme cause déterminante du phénomène osmotique la différence d'imbibition de la membrane par les deux liquides. C'est une théorie sérieuse, basée sur des faits nombreux et bien observés : elle mérite donc un profond examen. Cette théorie permet de se rendre compte de tous les phénomènes de l'osmose et des diverses particularités qu'ils présentent.

L'auteur, il est vrai, a noyé sa théorie dans une foule de détails, l'a émise d'une façon très obscure. Cependant, par une lecture attentive de son mémoire, on constate qu'il l'a très exactement exposée. Les preuves qu'il en a données n'ont peut-être pas été assez abondantes et surtout assez bien ordonnées. Les expériences que j'ai faites pour me rendre compte de la valeur de cette théorie n'ont démontré que la véritable explication du phénomène de l'osmose était celle qu'en donnait Liebig. Aussi, me suis-je entièrement rangé à l'opinion de cet auteur. J'ai légèrement modifié ses idées, j'ai levé quelques difficultés qu'on lui avait objectées; mais le fond est le même. Je vais donc entrer dans l'exposition de cette théorie en insistant principalement sur les preuves qui ressortent de mes expériences.

Si les deux liquides qui produisent le courant osmotique étaient en présence l'un de l'autre, sans interposition de membrane, nous savons qu'ils se mélangeraient l'un à l'autre par le phénomène de la diffusion. Si nous supposons ces deux liquides séparés par une membrane qu'ils mouillent également, il est naturel d'admettre que le mélange se fera encore d'autant plus rapidement, que la membrane sera plus facilement mouillée. Dans ce cas, il passera autant de liquide d'un côté que de l'autre, le courant d'endosmose sera égal au courant d'exosmose; il ne pourra donc y avoir ni osmose positive ni osmose négative. Ce cas est réalisé lorsque l'on sépare par une membrane animale de l'eau et une solution acide à son terme moyen. Si, enfin, on sépare les deux liquides par une membrane inégalement bien mouillée par les deux liquides, leur passage ne sera pas également facile; les deux courants d'endosmose et d'exosmose ne seront pas égaux et, par conséquent, il y aura production d'osmose, soit positive, soit négative.

Ce rapide exposé des conditions générales de l'osmose nous fait voir que le rôle de la membrane est essentiel pour la production du courant, et que c'est lui qui produit l'augmentation de volume de l'un des liquides et la diminution de l'autre.

Liebig a déjà démontré que le courant est toujours dirigé du liquide qui imbibe la membrane le plus facilement, vers celui qui la mouille le moins. J'ai répété ses expériences, je les ai étendues, et je suis arrivé absolument aux mêmes résultats que cet auteur.

Les chiffres que je donne plus loin permettent de se rendre compte de la relation qui existe entre le sens du

courant osmotique et le coefficient d'imbibition des différents liquides.

Le tableau suivant indique le pouvoir d'imbibition de
différentes solutions pour le papier-parchemin.

SUBSTANCES	COEFFICIENTS D'IMBIBITION
Eau......................................	59,1
Solution de carbonate de soude au $\frac{1}{10}$.........	53,1
— d'acide sulfurique au $\frac{1}{10}$.............	56,0
— de chlorure de sodium au $\frac{1}{10}$.........	45,9
Alcool à 85°................................	3,5

L'eau a un pouvoir d'imbibition plus considérable que
celui des autres substances. Aussi, le courant sera-t-il dirigé,
avec le parchemin végétal, de l'eau vers les solutions de
carbonate de soude, d'acide sulfurique, de chlorure de
sodium, et vers l'alcool.

Ce fait est général; pour le démontrer, j'ai voulu voir
comment se comportaient les solutions acides par rapport
à l'imbibition des membranes animales. Or, j'ai démontré,
dans le second chapitre de la deuxième partie, que les
acides présentaient, au point de vue de l'imbibition, un
terme moyen analogue au terme moyen osmotique. Bien
plus, ces termes moyens se correspondent parfaitement.
Ainsi, avec le parchemin animal, et l'acide tartrique, lorsque
le titre était inférieur à 9 p. 100, le courant osmotique était
déjà dirigé vers l'eau; lorsque le titre était supérieur, le
courant allait de l'eau vers l'acide; or, dans le premier, la
solution avait un pouvoir d'imbibition pour le parchemin
animal bien plus considérable que celui de l'eau. C'était
l'inverse qui avait lieu dans le second cas.

Résultats analogues avec l'acide oxalique et l'acide
citrique. Avec l'acide oxalique, tant que le titre était inférieur à 7,5 p. 100, il y avait courant vers l'eau, et en même

temps, le pouvoir d'imbition pour la membrane était plus fort que celui de l'eau; c'était l'inverse qui avait lieu lorsque le titre était plus élevé.

Avec le parchemin végétal, j'ai aussi obtenu des résultats semblables.

Le pouvoir d'imbition de l'eau pour cette membrane est 59,1, celui d'une solution au dixième d'acide sulfurique 56,0, et celui d'une solution au même titre d'acide oxalique 59,4.

Entre l'eau et l'acide sulfurique, le courant sera dirigé de l'eau vers l'acide; au contraire, avec l'eau et l'acide oxalique le courant sera dirigé de l'acide vers l'eau. — On ne peut pas faire ces expériences avec des endosmomètres ordinaires, car ces membranes sont trop épaisses pour pouvoir leur être exactement appliquées. Voici le mode opératoire que j'employais : Je mettais dans un dialyseur fermé avec l'une ou l'autre de ces membranes 100 centimètres cubes de la solution acide; dans le vase extérieur, 500 centimètres cubes d'eau distillée. Après six à huit heures, je mesurais le volume du liquide contenu dans le dialyseur : je voyais ainsi facilement s'il avait augmenté ou diminué.

Le mode d'action des acides, relativement à l'osmose, paraît donc intimement lié à leur pouvoir d'imbition.

Restait à voir si la théorie permettrait d'expliquer le fait de Matteucci. Il était probable *à priori* que les deux faces des membranes ayant une structure différente, leur pouvoir absorbant pour le même liquide devait être différent. On a vu, en effet, dans le chapitre de l'*Imbibition*, que l'expérience a pleinement confirmé ces vues théoriques. Je n'ai guère expérimenté que la membrane de la coque, car c'est la seule qui à l'état sec conserve sa propriété, et j'ai indiqué plus haut pourquoi il est absolument nécessaire de se servir de membranes sèches pour étudier l'imbibition. La baudruche et le papier parchemin plâtrés ne pouvaient facilement être employés, car la différence des deux courants produits est trop faible.

Voici maintenant comment la théorie de l'imbibition permet d'expliquer le phénomène de la membrane de la coque :

Prenons le cas où les deux liquides osmosants sont l'eau et une solution sucrée au dixième. On se rappelle que le pouvoir d'imbibition de l'eau, pour la face externe de la membrane, est 139,1 ; le pouvoir d'imbibition de la solution sucrée pour la face interne est 49,0. Lors donc que l'osmomètre sera monté de telle sorte que l'eau soit en contact avec la face externe, et le sucre avec la face interne, il y aura un courant très intense dirigé de l'eau vers le sucre. — Le pouvoir d'imbibition de l'eau pour la face interne est 53,5, celui de la solution sucrée pour la face externe 53,2. Lorsque l'eau mouillera la face interne, et le sucre la face externe, le courant sera nul ou à peu près : c'est ce que confirme l'expérience.

Il me semble qu'il y a un rapport frappant entre le pouvoir d'imbibition et le sens de l'osmose. Je sais bien que mes expériences ne sont pas assez nombreuses pour produire une certitude absolue; j'aurais dû les varier et les étendre à d'autres membranes. Je me propose de le faire; mais je crois que telles quelles, elles donnent à la théorie de l'imbibition un point d'appui autrement sérieux que les hypothèses de Brücke sur le double courant intra-capillaire à la théorie de la capillarité, et les décompositions chimiques admises par Graham à la théorie électro-chimique.

Liebig est allé trop loin lorsque, pour expliquer l'expulsion d'eau de l'intérieur de la membrane, il admet la contraction des canaux capillaires dont elle est constituée. C'est certainement cette hypothèse qui valut à sa théorie la défaveur qu'elle a eue pendant longtemps. Il n'est pas logique en effet de faire dépendre l'imbibition de la capillarité, et le courant de leur contractibilité. Les expériences que j'ai faites à ce sujet démontrent surabondamment que le pouvoir d'imbibition dépend d'une affinité particulière des matières pectiques pour l'eau ou les matières dissoutes.

Voici comment je comprendrais le phénomène de l'osmose: La membrane étant en contact par une face avec l'eau pure, par l'autre avec la solution saline, absorbera de l'une et de l'autre des quantités qui seront proportionnelles au pouvoir d'imbibition que ces liquides ont pour la membrane. Dans l'intérieur de la membrane il y aura donc une solution salée plus étendue que celle employée. Or, cette solution salée étant en contact d'une part avec de l'eau pure, d'autre part avec une solution salée plus concentrée, cèdera son sel à l'eau pure et son eau à la solution salée plus concentrée. Ce sera là un simple phénomène de diffusion. Mais comme la quantité d'eau est plus grande que la quantité de sel, il s'ensuit que la diffusion de l'eau dans la dissolution salée sera plus rapide que la dissolution du sel dans l'eau pure. Partant il y aura une augmentation de volume d'un liquide, diminution de l'autre.

Si les liquides sont superposés par ordre de densité, tout en étant séparés par une membrane, l'osmose sera très lente, et au point de vue de la durée analogue aux phéno- mènes de la diffusion : c'est le cas des expériences avec septum liquide.

Mais si, au contraire, les deux liquides sont séparés de telle sorte que le plus dense soit au-dessus, le moins dense au-dessous, le courant osmotique sera beaucoup plus rapide. En effet, par le fait de la diffusion, une partie du liquide plus dense viendra former, à la face supérieure du liquide moins dense, une couche formée par un mélange des deux; ce mélange étant plus dense que le liquide inférieur tombera au fond, et nous aurons toujours ainsi en contact avec la membrane une couche de liquide inférieur pur, qui aura la même affinité pour les particules hétérogènes contenues dans la membrane.

Au-dessus de la membrane, le même phénomène aura lieu. Entre la membrane et le liquide supérieur, il se formera par le mélange des deux liquides une couche moins dense qui s'élèvera vers la partie supérieure. Ce fait est très facile à vérifier; il suffit pour cela de mettre dans l'endosmomètre, comme l'a fait Dutrochet, des fragments de feuilles d'or : on les voit alors s'élever jusqu'à une certaine hauteur, puis retomber, rester en contact avec la membrane pendant un certain temps, puis être repoussées un moment après. Dutrochet voyait dans ce phénomène la démonstration d'irruption subite du liquide inférieur dans les canaux capillaires; mais on se rappelle les difficultés qui se présentèrent à son esprit et qu'il ne put résoudre.

Lorsque les feuilles d'or sont en contact avec la membrane, il se forme peu à peu au-dessous d'elles une solution plus légère que le liquide dans lequel elles baignent; lorsqu'une assez grande quantité se sera formée, alors la feuille d'or sera soulevée. Mais lorsque le liquide qui la soulève se sera en partie diffusé dans le liquide environnant, elle retombera; après un certain temps de contact avec la membrane, le même phénomène se reproduira.

On voit donc le rapport intime qui lie les phénomènes de l'osmose aux phénomènes de la diffusion. La condition nécessaire qui prime toutes les autres est l'affinité des deux liquides, affinité qui les mélange l'un à l'autre. La membrane ne vient que troubler ce mélange.

Telle est l'explication que je donne du phénomène de l'osmose : sans doute, elle n'est pas encore complètement démontrée, mais, je le répète, elle explique facilement tous les faits osmotiques, même ceux qui étaient considérés comme anormaux. Cette hypothèse s'appuie sur des expériences dont les résultats sont fort nets. Je crois donc ne pas exagérer en disant que de toutes celles qui ont été émises jusqu'à ce jour, c'est elle qui a le plus de faits en sa faveur, et qui permet le mieux de se rendre compte de l'osmose.

TROISIÈME PARTIE

Comme je l'ai indiqué dans l'introduction, j'ai réservé cette troisième partie à l'examen des applications de l'osmose. Ces applications sont très nombreuses, aussi ne m'occuperai-je que des principales. Les unes sont des applications industrielles ou chimiques, les autres expliquent les phénomènes qui se passent dans l'intérieur des organismes vivants. Ce sont ces derniers qui frappèrent tout d'abord l'esprit des physiciens, et l'on se rappelle l'enthousiasme de Dutrochet qui croyait avoir trouvé la véritable cause de la vie. Ce ne fut que quarante à cinquante ans plus tard que Dubrunfaut imagina d'appliquer le phénomène de l'osmose à l'analyse des mélasses et le fit avec beaucoup de bonheur. Depuis, son idée a été transportée dans le domaine de la science, son osmomètre sert à faire l'analyse d'un mélange de plusieurs sels ou de plusieurs substances, ainsi qu'à la préparation à l'état de pureté de plusieurs corps amorphes qui jusque-là n'étaient connus qu'à l'état de mélange.

J'exposerai ce que j'ai à dire sur ce sujet dans deux chapitres. Dans le premier je traiterai la dialyse et l'analyse des mélasses; dans le second je parlerai des applications physiologiques de l'osmose : j'exposerai succinctement les explications que l'on donne de l'absorption intestinale et du mode d'action des purgatifs salins, puis je m'étendrai davantage sur le rôle des membranes dans la nutrition de la cellule et dans les oxydations organiques.

Mais, je le répète avant d'aborder le sujet, je ne prétends pas traiter ces questions d'une manière approfondie. Pour cela, on le comprend bien, il aurait fallu un grand nombre d'expériences, ce qui m'aurait conduit beaucoup trop loin.

CHAPITRE PREMIER

—

DIALYSE.

—

On entend par *dialyse* la séparation de corps de nature différente en utilisant la différence de leurs pouvoirs osmotiques.

Nous avons vu, en effet, que toutes les substances n'ont pas le même pouvoir osmotique. Que les unes passent avec une très grande facilité au travers des membranes et que d'autres, au contraire, passent difficilement, quelquefois pas du tout. Si donc nous avons un mélange de deux substances solubles, mais douées d'un pouvoir osmotique différent, il est probable et même certain que l'une passant plus vite que l'autre se séparera de cette dernière; la séparation sera d'autant plus parfaite que la différence des pouvoirs osmotiques sera plus grande. C'est à ce procédé d'analyse que l'on a donné le nom de *dialyse*. On pourrait pour cette analyse se servir du simple endosmomètre de Dutrochet; c'est même cet appareil que Dubrunfaut a tout d'abord employé pour analyser les mélasses. Mais, pour augmenter la rapidité, on n'a pas tardé à donner à la membrane une large surface. Comme on n'a pas besoin de mesurer l'accroissement de volume du liquide intérieur, on a supprimé le tube osmométrique. On n'a donc plus qu'un large tube fermé à l'une de ses extrémités par la membrane. Cet appareil a reçu le nom de *dialyseur*.

Actuellement il y a plusieurs modèles de dialyseurs : l'un d'eux, le plus ancien, est le dialyseur de Graham. Il consiste en un vase en verre évasé à une extrémité et fermé à la partie inférieure par du papier parchemin (c'est la membrane généralement employée). La membrane est fixée par une ficelle sur un rebord ménagé sur le dialyseur à dix millimètres de l'extrémité inférieure. L'appareil peut plonger dans un cristallisoir et est maintenu au-dessus du fond par un support en verre. Dans l'intérieur du dialyseur on met une couche du liquide que l'on veut dialyser, dans le cristallisoir on met de l'eau de telle sorte que le dialyseur ne s'y enfonce que de trois à quatre millimètres tout au plus. L'appareil ainsi construit est excellent.

Les Allemands ont voulu modifier le dialyseur : ils l'ont construit avec des anneaux de gutta-percha qui s'emboîtent à frottement l'un dans l'autre. On met la feuille de parchemin végétal préalablement ramollie par l'eau sur le plus petit et on emboîte le plus grand; en s'enfonçant il entraîne la membrane qui ainsi se trouve exactement tendue. Ce modèle n'est pas heureux; car d'abord les deux anneaux forment deux lames en contact, entre lesquelles les liquides s'élèvent par capillarité; et puis il est bien rare que le papier parchemin ne se déchire pas par suite de l'effort considérable qu'il faut exercer; aussi est-il préférable, à mon avis, de se servir du dialyseur de Graham.

Le dialyseur décrit, je vais parler des résultats qu'on peut obtenir avec cet appareil.

Supposons que nous ayons un mélange d'albumine et de chlorure de sodium dissous dans l'eau; il s'agit de séparer ces deux substances : on place la solution à l'intérieur du dialyseur et on met à l'extérieur de l'eau distillée. Au bout de quelques heures, nous constaterons que presque tout le chlorure de sodium a passé dans l'eau distillée et que ce dernier liquide ne contient pas d'albumine. Au bout d'un temps plus long, 24 ou 36 heures, il n'y aura plus de chlorure de sodium dans le dialyseur : il aura osmosé en totalité vers l'eau, surtout si l'on a eu soin de la changer. Les deux substances sont donc ainsi séparées.

Le même phénomène se passerait, si nous avions affaire à un mélange de deux sels osmotiques ; celui dont le pouvoir serait le plus considérable osmoserait plus vite que l'autre et s'en séparerait ainsi.

C'est ce procédé qui a été si heureusement appliqué à l'extraction des principes actifs alcaloïdes : ces corps sont en effet mélangés à des sels moins diffusibles qu'eux dont, par ce moyen, il est facile de les séparer.

La première dialyse a été faite par Dubrunfaut sur les mélasses ; je me suis assez étendu, dans l'historique, sur cette découverte ; je vais seulement décrire ici son osmomètre.

Il se compose de cadres en bois pressés les uns contre les autres, contenus dans une grande cuve rectangulaire ; on met des feuilles de papier à dialyse entre chacun de ces cadres, on divise ainsi la cuve en compartiments qui ont une très faible épaisseur.

Une disposition particulière permet de faire communiquer ensemble tous les compartiments d'ordre pair et ceux d'ordre impair, puis, à l'aide de tuyaux, on fait arriver dans les premiers la mélasse clarifiée, dans les seconds de l'eau pure. Les deux liquides se trouvent ainsi séparés, sur une très large surface, par une membrane ; l'échange des sels pourra donc se faire entre la mélasse et l'eau pure.

On fait circuler l'eau et la mélasse avec beaucoup de lenteur, de telle sorte qu'ils mettent 5 à 6 heures pour traverser l'appareil ; on a constaté qu'il faut au moins ce temps pour que la majeure partie des sels puisse osmoser. Les mélasses qui sortent, contenant beaucoup moins d'impuretés, pourront laisser cristalliser une partie du sucre qu'elles contiennent ; ce dernier sera encore un peu coloré, mais n'ayant plus le goût salé, il pourra être livré au raffinage.

Le dialyseur sert encore à la préparation de certains oxydes que leur apparence extérieure et la manière dont ils se comportent avec l'eau rapprochent des matières pectiques : ce sont les oxydes dits colloïdaux.

Celui qui sert de type à tous les autres est l'acide silicique. Si l'on verse de l'acide sulfurique dans une solution de silicate de soude, la liqueur se prend en une gelée blanche absolument amorphe, constituée par l'acide silicique à l'état pectique. Pour la dissoudre, il faut un grand excès d'acide chlorhydrique. Voici comment on opère pour l'obtenir : on verse du silicate de soude dans un grand excès d'acide chlorhydrique étendu, il se forme du chlorure de sodium et de l'acide silicique maintenu en solution par l'excès d'acide chlorhydrique. L'acide ainsi préparé n'est pas pur. Pour le purifier, il suffit de mettre la solution dans un dialyseur : l'acide chlorhydrique et le chlorure de sodium dialysent avec une grande rapidité, et au bout de vingt-quatre heures à peu près, l'acide silicique reste pur sur le dialyseur : il est en solution. Pour le faire passer à l'état pectique, il suffit de faire barboter dans cette solution quelques bulles d'acide carbonique. Les carbonates alcalins et même le carbonate de chaux agissent de la même façon ; les acides sulfurique, azotique et acétique ne la coagulent pas, non plus que le sucre et l'alcool.

On peut concentrer cette solution jusqu'à un certain degré, 14 p. 100 ; au delà, elle se prend en gelée ; du reste, elle subit spontanément cette transformation en quelques jours. Une fois coagulé, l'acide silicique n'est plus soluble dans l'eau.

L'acide silicique à l'état pecteux forme des sels qui eux aussi peuvent se présenter dans le même état, comme, par exemple, le silicate de soude obtenu en faisant bouillir du carbonate de soude avec de l'acide silicique récemment précipité. Le silicate de chaux obtenu en traitant l'eau de chaux par l'acide silicique est dans les mêmes conditions.

On peut obtenir l'alumine à l'état pecteux et à l'état dissous; c'est Walter Crum qui l'a obtenue dans le second état. Pour l'obtenir, on fait dialyser une solution d'alumine hydratée dans le chlorure neutre d'aluminium. Ce dernier dialyse complètement et laisse l'alumine hydratée à l'état dissous. On l'obtient également en soumettant à la dialyse du biacétate d'alumine avec excès d'alumine.

On obtient une variété d'alumine soluble, la métalumine, en évaporant le biacétate d'alumine; presque tout l'acide acétique se dégage et il reste de l'alumine soluble. Mais on l'obtient autrement en soumettant à la dialyse l'acétate d'alumine modifié par la chaleur. La métalumine se distingue de l'alumine soluble en ce qu'elle ne peut servir comme mordant.

L'alumine peut servir de type à un assez grand nombre d'oxydes métalliques qui peuvent se présenter à l'état pecteux et à l'état soluble, et dans ce dernier, sous deux formes diverses.

Le plus anciennement connu est le sesquioxyde de fer. Pour l'obtenir soluble, on peut faire comme pour l'alumine, dialyser une solution d'oxyde ferrique dans le perchlorure de fer. Tout le perchlorure de fer dialyse, l'oxyde de fer reste en solution. On l'obtient encore par la dialyse de l'acétate de fer.

On connaît un métaperoxyde de fer soluble, analogue à la métalumine en dialysant l'acétate de fer modifié par la chaleur (Péan de Saint-Gilles).

L'oxyde de chrome dissous dans le trichlorure de chrome et

soumis à la dialyse reste seul en dissolution dans le dialyseur, le trichlorure passant intégralement à travers la membrane.

On peut encore, à l'aide de cet appareil, préparer toute une série de corps qui, jusqu'alors, n'avaient pu être obtenus à l'état de pureté. Je veux parler des sucrates de cuivre, de peroxyde de fer et de peroxyde d'uranium, tous les sucrates pectiques en général.

Pour obtenir le sucrate de cuivre, on dialyse un mélange de solutions de sucre, de chlorure de cuivre et de potasse; il reste en solution du sucrate de cuivre. Par l'évaporation, cette solution laisse une pellicule verte irisée.

Le sucrate de peroxyde de fer et celui de peroxyde d'uranium s'obtiennent par un procédé analogue.

Le sucrate de chaux doit être de nature pectique, vu l'apparence qu'il prend pour une température de 50 à 60°. On ne l'a pas encore obtenu pur à l'état de dissolution.

Quelques ferrocyanures aussi, comme celui de cuivre et le bleu de Prusse, qui ont absolument l'aspect pectique, peuvent s'obtenir à l'état dissous. — Si on produit le ferrocyanure de cuivre dans une très grande quantité d'eau, il ne se précipite pas, et la solution prend une teinte brune très intense. Cette solution soumise à la dialyse laisse le ferrocyanure de cuivre pur et dissous.

Le bleu de Prusse s'obtient à l'état dissous en dialysant sa solution dans l'acide oxalique.

La dialyse sert encore à la purification de quelques pectiques organiques comme le tannin, la gomme, la dextrine, le caramel et l'albumine. Aucune de ces substances, en effet, ne dialyse ou du moins ne le fait que d'une manière imparfaite. Aussi peut-on employer ce procédé pour les séparer des substances bien diffusibles qu'elles peuvent contenir.

Après ce rapide exposé des applications de la dialyse

à la chimie et à l'industrie, il est inutile d'insister sur son importance. Elle est non moins utile à la médecine légale, en permettant dans certains cas d'isoler les matières toxiques. L'application en a été faite à l'acide arsénieux, au tartrate double d'antimoine et de potasse, et à la strychnine. — Dans les recherches médico-légales, il est, on le conçoit, de la plus haute importance de n'introduire aucune substance étrangère dans les matières soumises à l'expertise. D'ailleurs les pectiques qu'elles contiennent presque toujours nuisent souvent à la netteté des réactions. La dialyse permet de séparer les trois poisons que je viens d'indiquer des matières organiques qui les accompagnent. On peut par ce procédé les isoler sans ajouter aucune substance étrangère. Voici le mode opératoire à suivre : on introduit dans le dialyseur les matières suspectes; si elles sont solides, il faut avoir soin de les couper en petits fragments. Il est bon d'en introduire une quantité suffisante pour en faire une couche d'une dizaine de millimètres d'épaisseur. Dans le vase extérieur, on met une quantité d'eau distillée égale en poids 10 à 20 fois à celle de la matière. Après vingt-quatre heures, on peut cesser l'expérience, concentrer l'eau et y rechercher la substance toxique.

Des essais faits par Graham ont démontré que la gomme, l'albumine, la gélatine, le mucus, etc., n'empêchent pas la dialyse de l'acide arsénieux, du tartrate double d'antimoine et de potasse et de la strychnine. Bien plus, une solution d'albumine, à laquelle il avait ajouté quelques centigrammes d'acide arsénieux, a été coagulée par la chaleur; il a coupé le coagulum et a mis les fragments avec de l'eau dans un dialyseur. La dialyse de l'acide arsénieux s'est faite très facilement. Des résultats analogues ont été obtenus avec la digitaline.

C'est donc là un procédé précieux pour la médecine légale : malheureusement son emploi n'est pas assez répandu.

CHAPITRE II

—

ABSORPTION INTESTINALE. — NUTRITION CELLULAIRE.

—

Dès que les phénomènes d'endosmose furent connus, on chercha à les appliquer à l'absorption des particules nutritives par la surface intestinale. Cet essai était des plus heureux et les recherches ultérieures ont démontré combien était fondée l'explication que l'on cherchait ainsi à donner de l'absorption. Ce phénomène se divise en deux parties :

1° Absorption des matières solubles;

2° Absorption des matières graisseuses.

On sait que la digestion a pour but de rendre assimilables les substances qui ne le sont pas, mais qui sont susceptibles de le devenir : l'amidon et l'albumine, par exemple, sont transformées en substances solubles, la glucose et la peptone. Par où se fait l'absorption de ces matières, c'est-à-dire leur passage du tube intestinal dans l'appareil circulatoire? Les physiologistes prétendent qu'elle commence à se faire dans la cavité buccale pour le glucose, et dans la portion pylorique de l'estomac pour la peptone; du reste, c'est au niveau de l'intestin grêle que cette absorption est la plus active.

L'osmose des matières graisseuses a donné lieu à un grand nombre d'hypothèses et, malgré tous les travaux qui ont été effectués, la lumière est encore loin d'être faite sur ce sujet. Deux conditions sont indispensables pour qu'une substance puisse passer au travers d'une membrane : 1° elle doit être à l'état liquide; 2° elle doit mouiller la membrane et l'autre liquide. Or les graisses remplissent-elles ces deux conditions? La première est remplie par quelques matières graisseuses dont le point de fusion n'est pas très élevé; la seconde ne peut l'être, car l'épithélium de la muqueuse, étant constamment imbibé d'eau, ne saurait être mouillé par une matière graisseuse.

Certains auteurs, pour expliquer un fait que l'osmose paraissait ne pouvoir expliquer, ont admis que l'épithélium est percé d'une foule de tubes capillaires par lesquels les graisses peuvent pénétrer dans son intérieur. Mais beaucoup d'histologistes ne sont pas de cet avis, et c'est le plus grand nombre.

Pour d'autres, le plateau des cellules épithéliales serait terminé par des expansions protéiques, douées de mouvements amœboïdes et agissant avec les globules graisseux comme ils agissent avec les particules solides, c'est-à-dire les englobant peu à peu, et par leurs mouvements propres, les entraînant dans l'intérieur de la cellule. C'est là une théorie séduisante et qui mérite d'être examinée avec soin : je ne m'y arrête pas davantage, car elle ne tient en rien aux phénomènes osmotiques.

D'autres auteurs font intervenir une couche hypothétique d'albumine qui recouvrirait chaque globule graisseux émulsionné par le suc pancréatique. Beaunis paraît admettre cette théorie; voici en quels termes il s'exprime à son sujet : « Du reste, la difficulté du passage de l'huile à travers les » pores d'une membrane imbibée d'eau disparaît en partie, » si l'on réfléchit que les gouttelettes huileuses dans les » liquides albumineux s'entourent d'une fine membrane » albumineuse, *membrane haptogène*, qui fait disparaître » l'absence d'adhésion entre la graisse et l'eau. » (Beaunis, *Physiologie humaine.*) Il est incontestable que l'eau mouillera plus facilement une goutte d'huile si elle est recouverte d'une couche d'albumine; mais qu'est-ce que cela fait à l'osmose de la graisse? L'osmose est un fait moléculaire et non pas particulaire; il est dû à l'attraction de molécules hétérogènes, l'eau attirera les molécules d'albumine, mais n'attirera pas les molécules de graisse, et elles ne passeront pas. D'ailleurs, l'existence de la membrane haptogène n'est pas encore admise par tous les histologistes.

On a encore imaginé une autre théorie aussi peu compréhensible que la précédente, c'est celle qui explique le passage des graisses par leur décomposition. Les matières graisseuses sont décomposées par le suc pancréatique; l'acide gras passe à travers l'épithélium et reforme de la graisse après son passage. Cette théorie s'appuie sur l'expérience de Munk; ce physiologiste, en nourrissant des chiens uniquement avec des acides gras, a vu dans l'intérieur des cellules épithéliales une très grande quantité de graisse. Il est vrai, ces expériences sont fort curieuses, mais il n'y a qu'une minime partie de la graisse qui soit ainsi décomposée pendant la digestion; d'ailleurs, comment admettre le passage des acides gras, car, eux aussi, pas plus que les graisses, ne sont mouillés par l'eau?

Une explication plus sérieuse de l'absorption des graisses est celle qui fait intervenir l'action de la bile. Vistinghausen a démontré que l'huile mélangée à de la bile a un pouvoir d'imbibition pour les membranes bien plus grand que celui de l'huile seule. Ce pouvoir d'imbibition est d'autant plus fort que la proportion de bile est plus forte elle-même. Or, à chaque digestion, il y a un flot de bile réellement très considérable déversé dans l'intestin. On comprend donc comment le passage de l'huile et des graisses est favorisé : c'est là, je crois, que l'on doit chercher l'explication de l'osmose de l'huile; malheureusement, peu d'expériences ont été faites à ce sujet.

C'est là ce que l'on sait sur l'absorption des matières alimentaires. Celles qui sont solubles d'emblée, comme les boissons, le chlorure de sodium, le sucre, etc., etc., sont directement absorbées au niveau, soit de la cavité buccale, soit de l'estomac, soit surtout de l'intestin grêle. Mais je crois que pour comprendre l'absorption des matières solubles en général, il faut faire intervenir le fait découvert par Matteucci : en effet, si la muqueuse agissait comme une membrane sèche, le courant, au lieu d'être dirigé de l'intestin vers les vaisseaux, serait dirigé des vaisseaux vers l'intestin. Mais nous savons que les membranes à l'état physiologique jouissent de la propriété de favoriser le courant dans un certain sens ; on peut admettre que l'osmose est favorisée pour les matières alimentaires dissoutes lorsqu'elles sont en contact avec la face interne.

Cependant, même avec cette hypothèse, je crois que tout dans le phénomène de l'absorption ne s'explique pas par l'osmose seule, il faut faire intervenir une action propre de l'épithélium, action sur laquelle nous sommes encore mal édifiés.

Il est toute une classe de substances qui agissent en sens inverse des substances alimentaires, ce sont les purgatifs salins. Ces substances, en effet, introduites dans le tube intestinal, au lieu de produire un courant dirigé de l'intestin vers les vaisseaux, produisent un courant inverse des vaisseaux vers l'intérieur du tube digestif. L'explication du phénomène est facile à donner, si l'on admet que le pouvoir d'imbibition des solutions de sels pour la face interne est plus faible que le pouvoir d'imbibition du sérum pour la face externe.

Cependant, on a peut-être trop facilement admis cette explication, car il est d'observation vulgaire que les purgatifs salins *trop concentrés* ne produisent pas leur effet ; il est pourtant bien probable que leur pouvoir d'imbibition augmente à mesure que leur titre diminue. Je crois, je le répète, que c'est là une théorie à revoir, sinon pour la renverser, du moins pour l'étayer sur des preuves certaines. Il se pourrait très bien que ces sels purgent en exerçant sur la muqueuse une action particulière.

Rôle de la membrane dans la nutrition de la cellule.

La cellule étant l'élément de tous nos organes, tout fait qui la concerne a par le fait même un intérêt général. La tendance de la biologie actuelle est de tout ramener à l'élément cellulaire : c'est là ce qui m'engage à consigner ici même les résultats auxquels je suis arrivé, quoique je considère les recherches que j'ai faites à ce sujet comme très incomplètes.

J'ai indiqué dans le chapitre de l'*Imbibition* que les différentes membranes absorbent des quantités différentes des divers liquides, je renvoie donc pour cela aux tableaux que j'ai donnés dans ce chapitre. Je veux seulement démontrer ici que le pouvoir absorbant pour les différents sels n'est pas le même pour les différentes membranes.

Toute cellule est constituée par une masse amorphe, souvent granuleuse, présentant toujours au centre un noyau pourvu lui-même d'un nucléole : le tout enveloppé par une membrane de nature protéique, membrane qui, d'après les physiologistes, sert principalement d'organe de protection. C'est là l'unique rôle qui lui ait été attribué. Si nous plongeons une cellule dans l'eau, que va-t-il se passer ? *A priori* on ne peut pas le prévoir, mais l'expérience démontre qu'elle va en absorber et devenir turgescente. Si au lieu de la plonger dans l'eau, nous la plongeons dans l'alcool, nous la verrons se rider, car elle diminue de volume; il y a osmose négative.

Cette simple expérience nous démontre déjà que le rôle de la membrane n'est pas aussi simple que celui qu'on a voulu lui attribuer; c'est d'elle, en effet, que dépend en partie la vie physique de la cellule, puisque c'est grâce à elle que les liquides extérieurs peuvent pénétrer à l'intérieur de la cellule, ou en faire sortir ceux qui y sont déjà. Ces faits ont été observés depuis assez longtemps, mais ce sont principalement les Allemands, Traube, en particulier, qui ont insisté sur ce phénomène; aussi, dans les ouvrages qui sont au courant de la science le trouve-t-on indiqué.

Mais il n'est pas facile de faire de nombreuses expériences sur des cellules, vu leur petitesse; aussi, pour étudier d'une façon plus détaillée l'action de la membrane, ai-je été obligé de recourir aux membranes qui m'ont déjà servi, comme le parchemin animal et le papier parchemin.

Si nous plongeons deux feuilles, l'une de papier parchemin, l'autre de parchemin animal, dans une solution au dixième de chlorure de sodium, et si après complète saturation, nous desséchons les membranes au-dessus de l'acide sulfurique, elles retiendront une certaine quantité de sel qui sera donnée par la différence de poids des membranes à l'état sec avant et après l'expérience.

Nous constaterons dans ce cas que le parchemin animal a absorbé beaucoup plus de chlorure de sodium que le parchemin végétal.

	PARCHEMIN VÉGÉTAL.	PARCHEMIN ANIMAL.
Poids sec	0,468	0,376
Après saturation : poids sec	0,515	0,475
Augmentation de poids	0,037	0,079
Sel absorbé p. 100	7,0	21,0

L'augmentation de poids représente le poids du chlorure de sodium absorbé.

Avec une solution au dixième d'acide citrique on obtient des résultats analogues.

	PARCHEMIN VÉGÉTAL.	PARCHEMIN ANIMAL.
Poids sec	0,272	0,404
Après saturation : poids sec	0,293	0,665
Augmentation de poids	0,821	0,261
Sel absorbé p. 100	7,09	64,8

De même avec le carbonate de soude au dixième.

	PARCHEMIN VÉGÉTAL.	PARCHEMIN ANIMAL.
Poids sec	0,228	0,440
Après saturation : poids sec	0,237	0,480
Augmentation de poids	0,009	0,043
Sel absorbé p. 100	3,9	9,7

Si l'on cherche le titre de la solution absorbée, on voit d'après le tableau suivant qu'il varie beaucoup avec la nature de la membrane.

	PARCHEMIN VÉGÉTAL.	PARCHEMIN ANIMAL.
Acide citrique 10 p. 100	12,8 p. 100	11,5 p. 100
Carbonate de soude 10 p. 100	3,9 p. 100	9,7 p. 100

On voit que le titre est tantôt augmenté et tantôt diminué.

Ces expériences et bien d'autres que je pourrais citer à l'appui démontrent que toutes les membranes n'ont pas le même pouvoir absorbant pour les différentes substances. Cette différence est fort importante au point de vue de la nutrition et par conséquent du développement de la cellule. Il est probable en effet que la membrane varie d'une cellule à l'autre, car pour qu'il y ait identité absolue, il faudrait qu'elles se fussent toutes formées dans des conditions identiques, ce qui est inadmissible.

On peut aussi concevoir comment des cellules embryonnaires plongées dans le même milieu ne subissent pas les mêmes modifications, car elles n'absorbent pas les mêmes substances. C'est donc dans la nature de la membrane qu'il faudrait chercher la cause de leur différenciation.

J'ai fait aussi quelques expériences pour étudier l'action de la membrane sur les oxydations. Comme liquide, je me suis servi de solutions étendues de sucre, d'alcool et d'albumine. Comme substance oxydante, j'ai employé une dissolution étendue d'acide chromique. Les expériences ont toujours été faites dans un dialyseur dont la surface était de 1 décimètre carré. Comme membrane, je n'ai essayé que le parchemin animal et le papier parchemin.

Je plaçais la solution d'acide chromique à l'extérieur et la solution dans le dialyseur.

J'avais toujours le soin d'établir deux expériences comparatives : dans l'une, je séparais par une membrane de même nature une solution d'acide chromique de l'eau distillée, dans la crainte que la membrane ne réduisît l'acide; dans l'autre, je faisais un mélange d'acide chromique et de solution de la substance.

La réduction n'a jamais eu lieu dans les dialyseurs où il n'y avait que de l'eau distillée. La membrane n'a donc pas par elle-même de pouvoir réducteur dans les limites de mes expériences.

Voici le tableau des résultats obtenus :

AVEC PAPIER PARCHEMIN	MÉLANGE des deux solutions.	DIALYSE des deux solutions.	DIALYSE d'acide chromique vers l'eau.
Alcool, réduction après......	12 jours.	7 jours.	Nulle.
Sucre, —	15 —	7 —	Nulle.
Albumine, —	20 —	11 —	Nulle.
AVEC PARCHEMIN ANIMAL			
Alcool, réduction après	12 —	5 —	Nulle.
Sucre, —	15 —	6 —	Nulle.
Albumine, —	20 —	8 —	Nulle.

Tels sont les résultats de mes expériences. Je ne veux pas en tirer des conclusions prématurées. Cependant ils font entrevoir que le rôle de la membrane cellulaire est de la plus grande importance, puisqu'elle favorise les oxydations organiques. C'est là, si je ne m'abuse, un point de vue tout nouveau, et qui, je le crois, sera fécond en résultats intéressants. Je n'insiste 'pas davantage, espérant que les chiffres que je viens d'indiquer suffiront pour—faire comprendre tout l'intérêt de mes expériences.

TABLE DES MATIÈRES

———

Bordeaux. — Imp. G. Gounouilhou, rue Guiraude, 11